中国灾难文化

社会·历史·文艺

陈安　牟笛　著

中国科学技术出版社
·北　京·

图书在版编目（CIP）数据

中国灾难文化：社会·历史·文艺 / 陈安，牟笛著 .
-- 北京：中国科学技术出版社，2019.5
ISBN 978-7-5046-8246-8

Ⅰ. ①中… Ⅱ. ①陈… ②牟… Ⅲ. ①灾害—文化
研究—中国 Ⅳ. ① X4

中国版本图书馆 CIP 数据核字（2019）第 052924 号

策划编辑	鞠 强	
责任编辑	鞠 强	
装帧设计	中文天地	
责任校对	杨京华	
责任印制	马宇晨	

出　　版	中国科学技术出版社	
发　　行	中国科学技术出版社发行部	
地　　址	北京市海淀区中关村南大街16号	
邮　　编	100081	
发行电话	010-62173865	
传　　真	010-63581271	
网　　址	http://www.cspbooks.com.cn	

开　　本	710mm×1000mm　1/16	
字　　数	200千字	
印　　张	13.5	
版　　次	2019年5月第1版	
印　　次	2019年5月第1次印刷	
印　　刷	北京荣泰印刷有限公司	
书　　号	ISBN 978-7-5046-8246-8 / X·139	
定　　价	68.00元	

序 | PREFACE

有很多问题是每个人都必须思考的。

比如，美国人为什么会充满冒险精神？法国人给人浪漫印象的背后有什么特别的原因？

此外，对于中国人而言，我们尤其希望追问这样一个问题：中国人何以为中国人？再小一点，山东人何以为山东人？

以上是比较宏观的问题，其实还有更具体的。比如，你家媳妇是东北妹子所以泼辣能干，我家太太是福建妹子所以温婉低调？大家闺秀通常是知书达礼，有些小户人家出来的就可能锱铢必较？

那么，上面所说的这些不仅是问题和现象描述，而且有解释的味道在里面了。

于是，我们可以将一个现象学的事情提升到社会学和文化学的范畴，提及关于地域性的两种解释：一为历史决定论，二为地理决定论。

决定论这个东西，背后反映的其实是人们希望观察到的现象都能有一个简单的理由。这样，控制了理由就能够知道未来会是什么，甚至获得自己想要的结果。

决定论在 18、19 世纪这两个世纪基本统治了科学界，一切都由"简单因果关系"而联系和建立，世界的所有运动都由确定的规律决定。从某种意义上说，牛顿力学就是典型的决定论。因为基于这一理论体系所算出的天体运动轨迹，对未来具有准确的预见性。在这种思想看来，世界都是有序的，会一直按照自己遵循的恒定规律运行，人们是可以预知未来的，所以这也被称作机械论。

地理（环境）决定论是尺度小于天体运动又大于个体现象的一种形式。

地理决定论，其意大致是这样的：你在怎样的地理环境中生存，就可能具备这一地理特质所必然会赋予的秉性。所谓东北响马、西北刀客；南方委婉、北方直爽；黑人擅长奔跑，白人擅长游泳。经过连年战乱，曾有湖广"填"四川，今天的山东、河北、河南人也多是当年山西移民过去的。但是，这些人依然拥有移民后的当地特质，而非移民起始地的个体群体特征。

相应地，又有历史决定论一说。

历史决定论，说的是你偶然的经历可能会对你未来的性格造成决定性的影响。比如，少小失亲和少年得志给人的影响肯定是完全不同的，出生在一个大富之家与在衣不蔽体、食不果腹的家庭，孩子的性格会有很大差异。很多文学作品会将这一人类的终极历史拷问描述得极端而戏剧性。比如《王子与贫儿》，两个身份完全相反的人如果相互交换生存环境，最后是怎样的结果？再与印度旧电影《流浪者》所表现的"贼的儿子始终是贼，法官的儿子还是法官"这类出身论相比，历史的错讹最终会纠正回正常轨道还是沿着已经错了的轨道继续前行？这也是艺术作品讨论的话题。

再具体点，我如果上了哈佛大学而不是其他大学，未来发展结果会因路径不同而截然不同。这是一般的认知，而当时的选择也许是自主的。我们也知道，当每个人面临窘境时往往会发出这样的感慨：如果当时我选择了另外一条路，现在就会不同了。面临选择时人容易痛苦的原因也就在这里了，因为历史无法重来，一次选择可能会导致结果完全不同。

地理决定论和历史决定论几乎可以解释人类社会的很多现象。可以说，它们是基本决定论形式。人类的基因决定论是生物学上的解释，不过明显强不过这两个。月圆之夜如何如何，潮汐来临怎样怎样，则可以认为是天文决定论了。

　　除此之外，还有各种其他类型的决定论，比如气候决定论、灾害决定论，可以认为是两大基本决定论之下的二阶乃至三阶决定论。

　　我们研究了十几年的风险与应急管理，观察到灾害决定论是存在的。

　　这还是在我们研究日本的灾难文化时发现的。因为要研究风险管理与应急管理，必然会涉及日本人已有的做法与经验。他们在各种灾难中已经磨炼了千年的时间，从今天的各种现象都能感受到或者推理到以往灾难的痕迹。比如相扑运动就只在日本才有，为什么日本人一定要通过这种不那么正常的方式变得强大呢（即便是貌似的）？是之前面对灾难时的个体过分羸弱，还是真正的强大竟然如此之难，使得只好选择这种方式？

　　后来，我们将日本表现出来的几乎在全球范围内都格外独特的灾难文化写成了一本书——《樱花残》，从多灾岛国的地理说到脱岛入陆与脱亚入欧，从文学到作家本身，从艺术到影视以及日本人的集体主义与排外，加上自杀与物哀情怀、茶书花香、语言特点、食品运动等，可以说是综合阐述了日本所以如此的灾难脉络。

　　写完日本的灾难文化之后，久久不能平静。中国尽管地处大陆，有更加稳定的环境，但是由于国家面积极大，也会出现各种矛盾带来的冲突，比如区域之间因为利益产生的争执乃至战争。不同地区不同类型的灾难赋予这些地区不同的特点：比如川湘食辛辣，东北尚炖煮，山东的好汉情结，近邻河南则因历史多战争而产生了流民情怀，青藏地区特有的宗教形式，八闽两广的多神崇拜，山西的近代银行形式和大院文化，安徽在南北之间的纠结与徘徊，陕西的走西口与华北的闯关东。这些展示出的与其说是地域之间的差异，还不如说是不同灾难形式带来的多样化。所以，我们就集中组织了讨论班，专门研讨不同地域的文化差异及其背后可能的灾难解读。

　　更具体地，我们就灾难分别进行了社会解读、时间解读、文艺解读，希望从基本的灾难记载与文化特质入手，将现象与灾难之间可能存在的因果关系进行刻画与推理，并针对中国几乎所有省（区、市）的文化现象分别阐述，希望寻找到其间的关系。我们国家有 34 个省级行政区，因此这个系列要写三卷才能大体写遍全国的情形。

中国幅员辽阔，各地情况对于国人而言是有着显著差异的。尽管在外国人看来大体一致，但是微妙的差异总是存在的。所以，我们还是希望能够进行分别解读，有些也许有确切的脉络可寻，有些可能就流于推测了。

不管怎样，这都是我们在灾难文化研究上迈出的又一步。由于国人对于自家历史和周边环境的认知还是清晰的（至少自以为如此），所以这些灾难背景下的解读不一定一下子就赢得广泛共识。我们还将进一步加强研究，将历史的尘埃拂去，对背后真正的文化原因给出更加科学的诠释。而究竟能够做到哪一步？难说，我们只能勉力而为。

陈　安

2018 年 1 月 18 日

于北京

目录 | CONTENTS

第一章 | 中国灾难文化概说

灾难是沉重而令人敬畏的。作为全书的开篇，本章开宗明义地表明，灾难是人类文化的共通话语之一。灾难文化，即是灾难作为人类共通话语的"语法"。

本章主要阐明关于灾难本身和灾难研究的核心问题。有关灾难本身的问题，即什么是灾难、灾难是怎样形成的、灾难有怎样的界定以及灾难对文化造成了怎样的影响。有关灾难研究的话题，即灾难有怎样的研究范式、有哪些研究理论以及本书以怎样的模式和架构探讨灾难文化。

第一节 灾难——人类文化的共通话语

灾难带给人类社会以破坏性的影响。人类在应对灾难的过程中形成了固定的行为模式，累积了稳定的思维方式，这些行为模式和思维方式最终作为人类的精神基因转变为灾难文化。灾难由此作用于人类社会，成为人类共通的话语。此外，人类不仅感知灾难，也对灾难进行研究，并形成了一定的研究范式。

一、综合成因

自然环境与人类社会的相似之处在于，二者都遵循自身相对客观的运行规律和发展规律[1, 3]。一旦违背了这些规律，灾难就会随之而来。纯粹自然成因或人为引发的灾难是极其少见的。在现代社会，自然灾害通常与人类活动息息相关，而人因灾难也以自然条件作为发展环境。致灾原因既有自然原因也有人为原因，通常情况下，人为原因占比较大的灾难归为人因灾难，自然原因占比较大的归为自然灾害。

（一）自然灾害

灾难受到其自然属性的制约，有多种分类方式。根据自然灾害的时间属性分类，可分为突发性灾害、持续性灾害、季节性灾害、周期性灾害、偶然性灾害等；根据地空属性分类，可分为天文灾害、陆地灾害、海洋灾害等；根据地域属性分类，可分为全球性灾害、区域性灾害、微域性灾害等；根据地貌属性分类，可分为山地灾害、平原灾害、沿海灾害、其他灾害等；根据灾害的发生属性分类，可分为原生灾害和次生灾害。结合灾害的自然成因和我国应急管理现状，通常将自然灾害分为气象灾害、海洋灾害、洪水灾害、地质灾害、农作物生物灾害、森林生物灾害和森林火灾七大类[4]。

气象灾害是指大气对人类生命财产和社会经济建设造成直接或间接损害的灾害。我国的气象灾害主要包括干旱、高温、山洪、雷暴、台风等。沿海地区的主要气象灾害为台风，南方地区主要表现为干旱和高温，北方地区沙尘暴较多。海洋自然环境发生异常或激烈变化时，海上或海岸极易发生海洋灾害。例如，我国沿海地区发生的风暴潮、海岸侵蚀、海水入侵事件，以及各江河湖海频发的赤潮现象等。当水量剧增或水位急涨以致超过江河、湖泊、水库、海洋等容水场所的承纳能力时，便会发生洪水。洪水给人类正常生活、生产活动带来的损失和祸患，转而成为洪水灾害。洪水灾害是我国常见的自然灾害，带来了不可计数的损失。

地质灾害是以地质动力活动或地质环境异常变化为主要成因的灾害。在地球内动力、外动力、人为地质动力的作用下，地球发生异常能量释放、物质运动、岩土体变形位移、环境异常等变化，危害人类生产与生活，破坏人类赖以生存的自然环境。我国的地质灾害中，地震灾害最为突出。地震引起的强烈地面振动及伴生的地面裂缝和变形，给生活于地面的人类带来了灾害，曾在历史上造成了我国人口锐减和重大经济损失[5]。

生态圈失衡会造成农作物生物灾害和森林生物灾害。生物通常不会直接危害人类的生命财产安全，但可以对人类的生活造成间接的影响，例如农作物生物灾害和森林生物灾害。农作物生物灾害和森林生物灾害在自然界自由蔓延和扩展，对生态系统和人类社会带来不可估量的伤害。其中，森林火灾就被认为是一种突发性强、破坏性大、处置救助较为困难的灾害[6]。

（二）人因灾难

人因灾难主要是指事故灾难、公共卫生事件和社会安全事件。事故灾难具有灾难性后果，由人的生产、生活活动引发，迫使人类活动暂停或终止，并且会造成大量的人员伤亡、经济损失和环境污染。公共卫生事件主要包括重大传染病疫情、群体性不明原因疾病、重大食物和职业中毒等类型，发生突然，并且会对社会公众健康造成严重损害。社会安全事件通常是由人民内部矛盾引发的群体性事件，会对政府管理和社会秩序造成严重影响，甚至使社会组织在一定范围内陷入瘫痪的状态[7, 8]。

事故灾难、公共卫生事件和社会安全事件的直接原因都是人的行为，通常具有人为的过错性和违规性。人的作为或不作为，都会引发人因灾难。内在因素和外部因素长期互相作用，发展演化，最终导致灾难的发生。人因灾难会给社会各个方面带来较大的损害，甚至造成社会心理恐慌和社会稳定危机，这些危害都是持久的和难以估量的。

二、双重属性

自然灾害和人因灾难都具有综合成因，因而灾难也具有自然和社会双重属性。自然灾害源自自然的变异或人类引发的自然变异，人因灾难是由人类引发的在一定自然条件下产生的事件。灾难的自然属性是指灾难对客观世界的影响程度，通过测量的实际指标表示；灾难的社会属性是指灾难对人类社会生活的影响程度，通过评估的价值指标表示。

（一）灾难的属性

经过数十亿年的演化，自然生态系统的每一个组成部分都有其独特的作用，其活动和变化的空间通常被限定在一定范围之内。物质与能量的变动一旦超过这个范围，就有可能造成自然生态系统的全局性改变，使整个系统不能正常运行，导致自然灾害发生[1, 2]。水旱灾害就是这种超越既定时间、空间范围所带来的灾害现象。我国水旱灾害既具有时间性，又具有空间性。南方夏秋季节易发暴雨洪涝灾害，进一步引发泥石流、滑坡、水土流失等衍生灾害；北方内陆大面积常年缺水，土地沙化、盐碱化、沙尘暴等灾害频繁。无论灾害分类中的自然灾害还是人为灾难，都必然有自然成因，这是由灾难的自然属性决定的。被人类认为是"自然灾害"的灾难一般是在自然规律支配下自发产生的，表现出一定的必然性。

灾难是客观的事件，灾难的自然属性也是客观的。无论是自然原因还是人为原因占主要因素，任何灾难的产生和发展都是遵从于自然规律的。灾难的社会属性则集中反映了人类的价值判断。人作为认识灾难作用的主体，有意识地观察和感知灾难。没有人类就不可能认识自然，也就不能认识灾难。灾难不仅破坏了人类生存的物质条件，也冲击了人类正常的社会系统运行秩序。人类虽然具有主观能动性，但又常常因为认识的不全面而带有盲目性，难以预测改造自然所带来的后果，最终在自然规律的支配下经受了灾难的磨砺。

灾难受到其社会属性的制约，只有发生在人类存在的时间范围内和人类活动的空间范围内，才能称作灾难。灾难破坏的对象是人类的生命安全和生存环境，灾难与人类有着必然的联系，人的价值判断是灾难是否存在的标准。从自然属性出发，灾难可以有确定的量化描述；而从社会属性出发，灾难的评价指标广泛依赖于人的价值判断，具有不确定性。

（二）灾难的规模

实际操作中，通常使用自然属性和社会属性相融合的双重标准对灾难的规模进行实际评价。灾难的规模通常可分为特别重大、重大、较大、一般这四类。其评价标准，一方面考虑面积、时长、频率等自然指标，另一方面则关注灾难造成的人员伤亡和经济损失。

以地震灾害为例，依照其自然属性，内陆地区发生 7 级以上地震即为特别重大地震灾害，6 级至 7 级地震为重大地震灾害，5 级至 6 级地震为较大地震灾害，4 级至 5 级地震为一般地震灾害。从其社会属性判断，特别重大地震灾害应是内陆地区发生 5 级以上地震，且造成 300 人以上死亡，紧急转移安置 10 万人以上，倒塌和严重损坏房屋 1 万间以上；重大地震灾害应是内陆地区发生 5 级以上地震，且造成 50 人以上、300 人以下死亡，紧急转移安置 5000 人以上、10 万人以下，倒塌和严重损坏房屋 3000 间以上、1 万间以下；较大地震灾害应是内陆地区发生 5 级以上地震，且造成 50 人以下死亡，紧急转移安置 5000 人以下，倒塌和严重损坏房屋 3000 间以下；一般地震灾害是指各项指标均明显小于较大地震灾害标准，但部分建筑物有一定损坏，并造成较大范围人员恐慌[9, 10]。至于海洋区域的地震，则另有划分标准。

以洪水灾害为例，根据自然属性，特别重大的洪水灾害应是在一个流域发生特大洪水，或多个流域同时发生大洪水，或大江大河干流重要河段堤防发生决口，或重点大型水库发生垮坝；重大洪水灾害是一个流域或其部分区域发生大洪水，或大江大河干流一般河段及主要支流堤防发生决口，或一般大中型水库发生垮坝，或出现对下游安全造成直接影响的重大险情；较大洪水灾害是省内一个流域或其部分区域发生大洪水，或省内主要河流及主要支流堤防发生决口或出现重大险情，或多个县、市、区发生严重洪涝灾害，或中小型水库发生垮坝，或出现对下流安全造成直接影响的重大险情。依照其社会属性，特别重大洪水应造成铁路繁忙干线、国家高速公路网和主要航道中断，48 小时无法恢复通行；重大洪水造成铁路干线、国家高速公路网和航道通行中断，24 小时无法恢复通行；较大洪水造成铁路、高速公路网和航道通行中断，12 小时无法恢复通行；未达到上述标准的水旱灾害为一般洪水[11, 12]。

三、研究范式

灾难研究有面向工程技术及应用、管理活动及理论、突发事件及处置的三种基本范式。这三种研究范式分别有各自的研究目标和研究方法，但在研究内容上通常有所交叉。灾难的工程技术及应用研究从技术角度探讨灾难预防、应对、恢复的可行性和科学性；灾难的管理活动研究从理论角度探索灾难技术组织、应用、评估的途径和方法；灾难的突发事件及处置研究以个案和个案群为展现方式，将技术指标、分析方法模拟和展望，强调反思性与前瞻性。

（一）工程技术及应用

在防灾减灾的过程中，必须采取各种措施，保障环境、设备和人身的安全。应急管理、安全科学等领域所涉及的工程技术主要是在应对自然灾害、事故灾难、公共卫生事件、社会安全事件中所采用的各种技术措施，尤其在事故灾难的处置中最为常见。通过分析各种灾难的原因，采取各种技术措施防灾减灾，是安全技术的任务。防灾减灾中的工程技术包括采取更加完善和更加安全的操作方法，消除危险的操作流程，采用机械化、自动化手段，准备设施和设备，设置防护、保险、信号、警示装置等。

与灾难相关的工程技术应用领域和范围非常广泛，目前已深入到各学科、各领域的专业理论研究和技术开发中。按产业性质分类，应灾的工程技术包括矿山技术、建筑技术、冶金技术、机械制造技术、化工技术、交通运输技术、轻工技术等。按设备特点分类，包括机械技术、电气技术、起重吊运技术、防火防爆技术、焊接作业技术、金属冶炼及热加工技术、机动车辆技术、锅炉技术、压力容器技术等[13]。

实现防灾减灾技术的机械化与自动化，是发展生产的重要手段和奋斗方向，是进行灾难研究的理想措施。就防灾减灾技术本身分类，主要有防护技术、保险技术、信号技术、警示技术等。防护技术主要是在应对自然灾害、事故灾难、公共卫生事件、社会安全事件中采取阻隔、保护有效距离和屏蔽的办法，保护人员不受伤害，包括直接防护、距离防护、屏蔽保护等。保险技术是指能自动消除或减少整个应灾过程出现差错或造成人身伤害的安全装置。信号技术是应用信号的警告预防灾难发生和蔓延的技术，虽然本身不能排除灾难，但能提醒人们对风险进行关注，以便能及时采取防灾减灾措施。警示技术是针对应灾现场实际情况，设立含义明确、字迹鲜明的各种标志，以提醒人们注意避免受到灾难威胁。我国有专门的安全标志标准，其中规定了 16 个禁止标志、23 个警告标志和 8 个指令标志，此外还规定了 2 个一般指示标志和 7 个消防指示标志。

（二）管理活动及理论

与灾难相关的管理理论主要有风险分析、机理分析、机制设计等。风险分析是指按照应急学科和安全科学的程序和方法，对潜在灾难的危险性和严重性进行分析与评估，并以指数、等级、概率等量化数值予以表示。机理分析是根据灾难的表现找到其特征和规律，再根据总结出来的特征和规律分析事件。机制设计是为实现防灾减灾的目标，基于灾难的内在运行机理，考虑到现实条件的制约，人为设计出来一套原则、模式、规范及流程，是具备一定能动性的解决方案。

灾难的风险分析是为了挖掘灾难隐患，寻求有效的对策和措施，消除或降低危险，具有预测的性质和特点。在预测灾难发生可能性的基础上，掌握灾难发生的一般规律，做出定性、定量的评价，提出有效的风险控制措施，可以控制并减少灾难的发生。风险分析关注灾难的可能性、影响范围、严重程度，包括风险识别、风险估测、风险评价等内容。在风险识别、风险估测、风险评价的基础上，又要将多种风险分析方法与技术优化组合。虽然在现代社会"风险"已经具有了广义含义，在承受风险的同时也往往可能带来收益，但是更多时候风险依然意味着要承受损失。灾难的风险是客观存在的，它可以被减缓、控制、转移和规避，但却无法从根本上消除。由于对灾难认知程度的局限性，人们根本无法确定风险到底是否会发生、何时会发生以及会以怎样的方式发生等。灾难的风险分析方法主要有风险矩阵及其扩展方法、集成式"状态－能力－效能"评价策略、九维度综合评价体系、"脆弱性"与"抗逆力"评估模型等。

机理是指事件发生所遵循的内在逻辑和规律。灾难的机理分析主要包括原则性机理分析、原理性机理分析、流程性机理分析和操作性机理分析。原则性机理是对事物特征和类别的认识。灾难具有突然性、茫然性、必然性、偶然性，需要采取以人为本、快速反应、政府主导、预防为主的管理方式。原理性机理是事物的内在规律，是不以人的意志为转移的客观存在。灾难的原理性认知主要是指对灾难发生、发展及演化规律的认识。流程性机理反映了灾难的产生、发展和演化的先后顺序。群体的防灾减灾过程是一系列流程性的"最优化"选择。操作性机理是增加了现实约束之后的流程性机理的体现。在防灾减灾过程中会存在所需资源不到位或无法获取乃至根本没有的情况，这种现象是现实中广泛存在的。在面临资源约束和其他约束条件的情况下，如何进行防灾减灾工作是操作层面上存在的具体问题。

防灾减灾的机制设计可采取直接模式、间接模式、规制设计模式、关系设计模式等。直接模式是直接对灾难进行干预的机制设计方法。间接模式则是通过改变介质，实现灾难主客体间关系的优化。由于介质是灾难主客体间目标实现的支点，容易出现介质的小部分改变带来机制大幅改进的杠杆效果。规制设计模式是指在不改变灾难主客体关系的情况下，利用时间规制、空间规制、动力与约束规制使灾难带来的影响趋向最小化。关系设计模式是在灾难固有模式研究的基础上，根据参与者之间关系的状况，从职、责、权、利、情五个方面进行设计，总结其中存在的规律的方法。

（三）突发事件及处置

突发事件是指突然发生的能够导致局部甚至全局社会混乱的公众事件。我国法律规定的突发事件分为自然灾害、事故灾难、公共卫生事件、社会安全事件四类。按照突发事件的诱因，又可将其分为自然灾害和人因灾难。自然灾害是指给人类生存带来危害或损害人类生活环境的自然现象，包括气象灾害、地质灾害、海洋灾害等，例如干旱、寒潮、洪涝、台风、风雹、雾霾、地震、滑坡等。自然界突然发生的灾害，如果不及时处理，就会对社会和群众生命财产造成极大的危害，而且可能造成一定程度的社会混乱[7, 8]。

人为因素引发的灾难，如事故灾难、公共卫生事件、社会安全事件都属于人因灾难[7, 8]。对于人因灾难，如果处理不及时、不公正，极易导致严重的后果。

一方面，突发事件研究是面向事件本身的，和工程技术研究、管理理论研究多有重叠，作为应急管理、安全管理研究的案例而存在。另一方面，突发事件研究是面向其社会影响的。重要的突发事件往往受到普遍关注，敏感性强，利害关系涉及的人数多，群集性明显。突发事件的社会影响不同于个人行为越轨或团体犯罪所带来的社会影响，通常以众多人聚集的形式出现，普通群众容易被煽动和利用。突发事件本身规模巨大，突发性强，情况复杂，难以预料。群众面对突发事件，通常会有明显的不满情绪，自控能力差，被激昂情绪支配，出现同情者、共鸣者、不明真相的旁观者、随大流者、被雇用者、受害者、无理取闹者。群众参与突发事件的动机各不相同，有的想解决问题，有的想发泄一下自己的情绪，有的想获取非法利益。无论是自然灾害还是人因灾难，都会在舆论的煽动下产生社会影响，这是突发事件研究的重点和难点。

第二节　灾难文化现有研究理论

作为社会科学研究的一部分，灾难文化的研究方法不是特殊的或独特的，其研究理论是建立在社会科学研究基础之上的。从定性研究到定量研究，从个案研究到综合研究，从当代研究到历史研究，都属于灾难文化研究的范畴。将多种方法结合在一起，才能使灾难文化的研究更加深入。灾难文化本身包含多个学科的研究内容，又将多种研究方法相融合。对跨地区、跨类型的灾难文化开展分析，能够展现不同群体对相同或者不同灾难的应对方式。灾难文化研究以社会学、历史学、民族学等社会科学为主，但也有地质学、气象学、管理学等多种自然科学或交叉科学的加入。灾难文化现有理论是建立在这些学科之上的理论成果，最为常见的灾难文化理论主要有灾害系统论、灾害生态论、文化适应论。

一、灾害系统论

灾害研究中，灾害通常有三种形态，即链式形态、群体形态、系统形态。链式形态即通常所说的"灾害链"。灾害链即由一种灾害引发出一连串次生灾害的现象。灾害链主要有因果型、同源型、重现型、互斥型和偶排型五种类型。群体形态即"灾害群"，强调灾害在时间上的群发特征和空间上的群聚现象。灾害群通常是致灾因子与承灾体在时间上和空间上分布的不均匀性造成的。系统形态是灾害系统论研究的主要内容[14]。

灾害系统论强调灾害的自然和社会双重属性，将灾害解释为孕灾环境、致灾因子、承灾体综合作用的产物。孕灾环境即为自然环境与人文环境，在自然环境中，又可划分为大气圈、水圈、岩石圈、生物圈，人为环境则可划分为人类圈与技术圈。孕灾环境具有地带性或非地带性，波动性与突变性，渐变性和趋向性。致灾因子包括自然、人为、环境三个系统，可再划分为突发性与渐发性两种体系。承灾体包括人类本身及生命线系统、各种建筑物及生产线系统、各种自然资源等。在承灾体中，除人类本身外，其他部分也可划分为不动产与动产两部分[15]。从灾难文化的角度来看，灾害系统论认为灾害是由地球物理系统（大气圈、岩石圈、水圈、生物圈）、人类系统（人口、文化、技术、阶层、经济、政治）与结构系统（建筑物、道路、桥梁、公共基础设施、房屋）共同组成的。

　　孕灾环境、致灾因子、承灾体的相互作用是灾害时空分布、程度大小的主要影响因素。灾害是承灾体不能适应或调整孕灾环境、致灾因子变化所导致的。在灾害的形成过程中，孕灾环境、致灾因子、承灾体缺一不可。灾害系统论强调孕灾环境的稳定性、致灾因子的风险性、承灾体的脆弱性是灾害的三个组成部分。灾害的发生被视为自然生态系统和社会文化体系复杂交汇的表现，它提供一个最具有戏剧性和展示性的场景，将生态环境、社会结构、文化观念、历史过程之间的交互关系呈现出来。

二、灾害生态论

　　灾害生态论关注灾害对生态过程造成的影响。灾害生态论认为灾害是自然条件变化的一种价值评价。所谓生态灾害是指自然条件变化对自然生态系统和人工生态系统造成严重损害的事件。在灾害生态论的视角下，灾害可分为自然灾害、人因灾害、环境灾害三大类，其中环境灾害是自然和人因兼具的灾害。自然灾害主要包括大气圈灾害、生物圈灾害、天文环境圈灾害等；人因灾害主要为政治性灾害、经济与技术性灾害、生活与道德性灾害等；环境灾害则主要有环境污染、土地退化、灾害性天气、地表形变、地方性疾病、植被破坏等。在灾害生态论视角下，灾害是一种异常的生态学现象。全球或区域灾害的类型及时空分布规律、典型灾害发生与发展的生态学机制、灾后的生态学过程与恢复机理是灾害生态论的主要研究内容。

　　不同区域有不同的环境，不同区域也就有不同的灾害类型。不同灾害通常发生的范围也各不相同，有的是局部的，有的是全球范围的。再加上人类活动对环境的长期影响和干扰，许多新的灾害也在不断出现。对区域灾害的类型及时空分布规律进行研究，可以掌握全球不同灾害类型的基础和背景信息。生态系统内部与外部物质能量结构不匹配，会造成灾害的发生。灾害的发生和发展是生态系统的异变过程。自然界降水、温度、土壤、地质、生物的不协调，社会经济与资源环境的不匹配，都是灾难发生的原因。灾变发生后，生态系统和社会结构将发生毁坏和瓦解，对人类的生存和发展造成重要影响。灾害生态论对灾害发生与发展的生态学过程进行研究，是为了揭示生态系统发生灾变的动力学机制[16]。

三、文化适应论

文化适应理论原本是独立于灾难文化研究之外的理论，后来经过移植，逐渐在灾难文化研究中独树一帜。文化适应是由互动者的文化精神引领的一种持续的博弈过程，是两个或两个以上文化体之间互动的持续过程，是文化相互交流而形成的一种平衡与共生的和谐状态。文化适应是一个动态过程，是不同文化体之间相互理解、拓展彼此的尊重、延伸互相接受空间的过程。文化适应论一般用于解释灾后人员迁徙过程中发生的文化移植现象和重建过程中的文化新生过程。

文化适应有恢复模式、学习模式、复原模式、动态减压模式和辩证模式五种模式。恢复模式是指在灾难后的迁徙过程中，流民成功适应客居地文化新生活的文化现象。流民必须克服自身原有文化的断裂才能逐渐适应客居地文化，并最终达到一种完全适应状态或者成为一名多元文化者，从而完成了个人身份的重建。学习模式是指流民学习客居地社会文化习俗、认识行为规则的过程，它是一个获取跨文化沟通能力的过程。文化理解力、文化敏觉力、文化有效性的形成是灾难学习成功的标志。复原模式强调群体理解、接受本地新生灾难文化或迁徙地相对新生的灾难文化的渐进过程，通常被分为蜜月期、危机期、适应期、双文化期的渐进过程。动态减压模式将文化适应视为一个降低不确定性或减小压力的动态过程。它假设当群体面对灾后文化中的新文化元素时，其心理体系的平衡状态会面临挑战甚至被瓦解。这一体验会产生压力或不确定性，群体也会发展出一种特定的动力或需求去对应由此产生的内部不平衡或不协调。辩证模式将跨文化适应视为一个无限循环的过程，在此过程中，群体或个人试图去解决适应灾后新生文化时所碰到的问题[17]。

文化适应过程中问题处理的每一个循环都代表着个人或群体文化上的重

生，灾难为文化的产生和发展提供了动机和驱力。灾难文化是循环的、持续的、互动的过程，在解决灾难所带来的问题的过程中逐渐稳定和成熟。

第三节　中国灾难文化研究概要

灾难研究通常聚焦于群体的应灾行为，灾难文化研究则以灾难为背景，强调地方社会与文化体系的互动关系，注重灾难的人文话语，对灾难的文化属性进行解析。中国灾难文化具有地域性，这与中国广袤的地理范围和丰富的文化积淀密切相关，是不容忽视的灾难研究现象。在生活情景中探究灾难的历史性和结构性，辨析地方生活中的自然脆弱性和人文脆弱性，是灾难文化的重要研究内容。透过灾难理解人们种种应灾行为背后所依托的文化逻辑，能够全面地感知中国灾难文化的生成、交流、发展，揭示被数据、模型忽略和遮蔽的文化现象。中国灾难文化研究关注自然生态与社会现实如何共同制造了具有地方特色的灾难文化，以及地方性的灾难文化如何在自然生态与社会现实中循环发展、相互影响。在面对灾难时，个体和群体的情感、认知、行为发生的变化如何带来个体和群体的自我发展和转变。

中国灾难文化研究包含三部分内容：第一，具体经验个案的呈现；第二，灾难场景的综合分析；第三，相关理论思考与应用。上述方法的分类彼此之间在内容上是相互关联的，这些方法的区分体现程度上而非内容上或本质上的差别。

一、个案、场景、理念

文化，是人类所创造的所有物质财富和精神财富的总和。灾难文化，顾名思义是由于灾难导致的一系列文化现象的衍生和发展。同民族文化类似，灾难文化具有其自身的独特性。各种各样的灾难作用于不同地域和不同时期的人类社会，从而形成不同的灾难文化，并逐渐演化成具有独特地域特征和时代特征的特定灾难文化。与其他文化有所不同的是，灾难文化有其先进程度的划分。先进的灾难文化体现的是全体公众具有较高的防灾救灾意识，掌握相关知识与技能，当灾难发生时能沉着应对，有效避难、自救、互救，可以最大限度地降低灾难损失，呈现出一种人们相互扶持、抚慰创伤，共同应对灾难发生的积极心态。

灾难文化的先进程度受灾难发生次数、灾难种类复杂性以及灾难发生的严重程度三方面的影响，且其先进程度与次数、复杂程度和严重程度成正比关系。以上灾难的渐次渗透作用被总结为灾难文化的"渗透法"。灾难文化渗透法的核心是认为灾难既是元初动因，也是灾难文化形成和不断成熟的催化剂。首先，灾难的自然特征与受到灾难影响的个人所处的社会环境相结合，形成不同的灾难观。其次，每次灾难的发生，都会给人的周边环境和心理状况带来冲击和影响，从而形成对灾难警惕、预防甚至惧怕的忧患意识。意识决定行为方式，由成熟的防灾减灾意识可以演化出应对灾难发生的行为。最后，灾难不断发生，民族特性随之逐渐形成，而形成的同时需要承载体，最直接的承载体便是具体的文化。这便将与自然灾害防范和应对有关的知识提升到社会生活与社会文化构成成分的高度，显著地表现在文学、艺术、生活习性等方方面面。

个案研究是指对研究对象在较长时间里连续进行调查，全面把握研究对象行为发展变化的全过程。灾难文化研究领域的个案研究主要是对一个或几个灾难个案材料进行收集、记录，并写出个案报告。灾难文化的个案研究方法主要有实地观察、文件收集、描述统计、问卷调查、录音录像等。这些资料汇集起来形成一个与特定灾难文化现象相联系的证据的总体。

在个案研究维度之上，是灾难场景的研究。在人类发展的舞台上，灾难是一个最为戏剧化、极具展示性的情境。灾难根植于自然生态系统和社会文化体系之中，将自然环境、社会结构、历史过程、文化塑造之间的交互关系呈现出来。灾难文化是对于灾难的人文解释，是超越时空的文化力量。在安全科学与应急管理的研究中，灾难的应对、记录、评估通常通过数据、模型、算法来实现，是标准而客观的。灾难文化研究则昭示了人类承认和否定灾难的方式，展现了人类投射在灾难中的思想和道德。

灾难带来了严重的自然生态脆弱性和社会人文脆弱性，将社会文化、人类行为、政治经济等密切联系起来。在对灾难预测、应对、恢复的过程中，灾难迅速而猛烈地改变了人们的生活方式、居住条件、群体情感。群体关系、竞争模式、文化类型也随之发生改变并产生传承性或延续性。灾难迫使人类重新思考人与自然的关系，改变社会管理方式，反思群体发展模式。灾难文化综合性地容纳了自然环境、社会结构、历史过程、文化塑造之间的交互关系，系统性地考察具体灾难预测、应对、恢复的关联过程，是集政治、经济、思想于一体的综合理论与实践。在灾难研究层面上，灾难缩小了自然学科和人文学科的距离，为灾难的原则、原理、过程、影响提供一个完整而系统的理论解释框架。灾难是社会文化的组成部分，灾难的风险场景是人类历史文化系统的极端情境。在灾难构造的典型情景中，受灾群体的社会境遇以文化的方式反映出来。深度的参与性使得人类有关灾难的知识杂糅成为超越知识的意识，用可理解性取代高学术性。

通过个案研究和场景研究，灾难文化研究的理念逐渐清晰。在任何一个地方群体的生活常识与社会经验中，都包含着丰富且有效的预防和应对当地常见灾难的知识和策略，否则其社会就不能有着持续存在的基础，也无法在反复无常的环境条件下获得长期的稳定性。因此，通过对一个地区或族群的生活常识与社会经验进行整体的观察，来发掘地方经验中对防灾减灾有益的社会文化资源，是研究灾难应对的意义所在。人们如何认知环境和社会，如何解释灾难成因，如何维系道德观念，是灾难文化揭示人们应对灾难的方式和途径。

二、社会、历史、艺术

自然生态和人类社会是灾难发生的舞台，与人类无关的自然变异只是一种现象。从人类社会的角度来看，灾难造就了人类的行为突变，改变了人类生活区域的生态环境，最终作为一种民族情结保存在人类的文化基因中。

在社会层面上，近几年的灾难对我国应灾行为及灾难文化有重要影响。例如，2003年抗击"非典"推动了我国应急管理理论与实践的发展；2008年的汶川地震展现了中国人坚忍不拔、众志成城的民族精神；2015年的天津港爆炸事件使得我国安全生产文化为之改变。

从历史层面上来看，灾难记忆是群体在经历了可怕事件后形成的生理紧张和精神情绪，并影响全社会的行为规范和文化模型。中国人的民族文化是以乡土民情为内核的文化基因所决定的。灾难的发生在一段时间内改变了人类的生命意识，并以乡土民情的方式成为历史延续。在乡土民情的影响下，人们得到了所属区域群体的保护，形成一种内心的归属感和认同感。灾难不仅破坏人们的生存和发展环境，并且毁灭性地打击受灾群体的精神，从而为文化发展提供了契机。人口流动是早期灾难文化扩散的方法，而文化传播则是现代灾难文化扩散的主要途径。

在与灾难相关的文艺领域里，就文体类型而言，小说对灾难的描写最为丰富，诗歌、报告、纪实文学次之。战争灾难、水旱灾害、地震灾害是其中描写最多的内容。这些灾难种类广泛涉及苦难、文化、人性等话题，为文艺书写提供了宽阔的表现空间。

三、地区、灾难、文化

中国幅员辽阔，从南至北跨亚热带、温带和亚寒带三个温度带。国土范围内有山地和平原、内陆和沿海、半岛和岛屿，存在着多种多样的地形、地貌。在复杂多样的气候和地形作用下，中国一直以来也面对着各种各样的自然灾害。同时，中国人口众多，随着社会的迅速发展、经济的快速崛起，各类危害公共安全的突发事件也层出不穷。

本书有关灾难文化的研究是从地区出发的。通过分析不同文化地区的灾难现象，探寻不同人群对灾难的社会解读、历史记忆、文艺书写之间的区别与联系，挖掘其在灾难影响下文化基因的形成、衍化、扩散。本章为全书的绪论，提纲挈领；第二章至第四章为本书建立在现有学术研究之上的中国灾难文化的理论研究；第五章至第十三章为中国典型地区灾难文化研究，分别详述河南地区、山东地区、湖北地区、陕西地区、山西地区、安徽地区、东北地区、云南地区、青藏地区的灾难文化现象及深层原因。

第五章"九州中原"主要内容为河南的灾难文化。河南是中华民族与华夏文明的发源地，自古被视为中国之处、天下之枢。河南平原沃野、气候宜人、人口集聚，具有独特的中原文化。而农业灾害频仍所带来的自然和人文因素，也使得河南流民遍布、庙宇众多。

第六章"齐鲁大地"主要内容为山东的灾难文化。山东地区是华东地区的最北端省份，当地人果敢善断，炮灰、好汉、八仙、煎饼是当地灾难文化的代表。

第七章"九省通衢"主要内容为湖北的灾难文化。湖北是八方交汇、九省通衢之地，"荆楚"是其文化不变的特色，三国赤壁的历史故事为其平添一道色彩。由于地处水乡，湖北地区的灾难文化多有水乡的风情。

第八章"秦川雄关"主要内容为陕西的灾难文化，第九章"表里山河"为山西的灾难文化。"走西口"是陕西和山西共通的灾难文化特征。两地居民均喜面食，两地也都有丰富的民歌文化。但因其环境生业不同，文化演化的路径不同，窑洞成为了陕西人与自然相调和的产物，票号在山西的经济发展中留下了深刻的印记。

第十章"江南唇齿"主要内容为安徽的灾难文化。描写徽商的文艺作品众多，情节曲折婉转，灾难往往充当了重要的转折点。安徽的傩文化是与应灾、避灾密切相关的，以朴素的思想展现了当地人对于灾难的态度。

第十一章"白山黑水"主要内容为东北黑龙江、吉林、辽宁三省的灾难文化。"闯关东"是流民文化的代表。"十大怪"则与东北冬季寒冷的气候有着千丝万缕的联系。二人转在当下的盛行，与其深情悲切、真挚感人的情感密切相关。

第十二章"彩云之南"主要内容为云南的灾难文化。云南气候宜人，当地人深爱着家乡，将"家乡宝"视为光荣的称号。当地的少数民族风情也处处彰显着人与灾难相调和的背景。

第十三章"世界屋脊"主要内容为青海和西藏的灾难文化。青藏地区地理环境特殊，人们对于灾难有着独特的理解。浪漫的或是自由的，轻松的或是悲凉的，青藏地区以其特有的方式叙写着中国的灾难文化。

本章小结

灾难的综合成因与双重属性是相辅相成的。在学术研究领域，灾难的自然属性反映为灾难对客观世界的影响程度，是可以通过科学手段、利用实际指标进行测量的。灾难的社会属性反映为灾难对人类社会的影响程度，可以通过走访调查、文献综述进行考察和评估。在长期的研究中，工程技术及应用、管理活动及理论、突发事件及处置成为灾难研究的三种基本范式。灾难研究提倡多种方法相结合，灾害系统论、灾害生态论、文化适应论是已有对灾难文化研究影响较为深远的研究理论。

本书的灾难研究以个案、场景、理念为研究重点，探索不同地区人群对灾难的社会解读、历史记忆和文艺书写。河南地区、山东地区、湖北地区、陕西地区、山西地区、安徽地区、东北地区、云南地区、青藏地区是本书研究灾难文化的主要区域场景。这些地区在灾难作用下所形成的文化基因及其演化、扩散，是本书的研究重点。

参考文献

［1］金磊. 试论灾害哲学问题［J］. 自然辩证法研究，1991，12，50-54.

［2］杨山. 灾害哲学［D］. 硕士论文，重庆：西南大学，2010.

［3］刘传正. 论地质灾害防治科学的哲学观［J］. 水文地质工程地质，2015，42

（2），3.

［4］张乃平，夏东海. 自然灾害应急管理［M］. 北京：中国经济出版社，
　　　2009.

［5］裴宗厂. 地质灾害［M］. 郑州：河南科学技术出版社，2013.

［6］张思玉，张惠莲. 森林火灾预防［M］. 北京：中国林业出版社，2006.

［7］国务院法制办公室. 中华人民共和国突发事件应对法［Z］. 北京：人民
　　　出版社，2008.

［8］国务院法制办公室. 中华人民共和国突发事件应对法注解与配套［M］.
　　　北京：中国法制出版社，2008.

［9］罗希芝，孙明明，王晓兰. 重大灾害事件救护指南［M］. 郑州：郑州
　　　大学出版社，2016.

［10］余姝. 地质灾害防治问答［M］. 重庆：重庆大学出版社，2016.

［11］雒文生，宋星原. 洪水预报与调度［M］. 武汉：湖北科学技术出版社，
　　　2000.

［12］刘建芬，张行南，唐增文. 中国洪水灾害风险时空分析与保险研究
　　　［M］. 南京：河海大学出版社，2013.

［13］刘铁民，张兴凯. 安全生产管理知识［M］. 北京：煤炭工业出版社，
　　　2005.

［14］中国科协学会学术部. 重大灾害链的演变过程、预测方法及对策［M］.
　　　北京：中国科学技术出版社，2009.

［15］倪子建，荣莉莉，鲁荣辉. 孕灾环境本体构建中的基础逻辑关系研究
　　　［J］. 系统工程理论与实践，2013，3，711-719.

［16］金云根，金卫根，陈国华. 地质灾害生态学［M］. 长沙：湖南地图出
　　　版社，2007.

［17］陈国明，余彤. 跨文化适应理论构建［J］. 学术研究，2012，1，130-138.

第二章 | **灾难的社会解读**

　　作为自然生态与人类社会的舞台，灾难只有发生在人类存在的时间、空间范围内，才能被认知和感知。如果自然变异与人类的生存在时间和空间上均无交集，则只是一种自然现象。灾难文化首先表现为对灾难现象的社会解读。灾难文化详述灾难如何造就了人类行为的突变，如何改变了区域的生态环境，如何诞生了维系文明存在的民族情结。

　　社会现象纷繁复杂，本章选取"非典"事件、汶川大地震、广州登革热疫情、上海外滩踩踏事件、深圳渣土堆滑动事件等典型事件，选取春节、端午节、苗族踩鼓节等典型节日，分析灾难所造就的文化基因、文化认同、文化演化和文化扩散。

第一节　灾难造就行为突变

　　灾难作为社会的极端事件，迅速而猛烈地使人类的行为发生改变，甚至改变人类的发展道路。现代应急管理研究将突发事件分为自然灾害、事故灾难、公共卫生事件、社会安全事件四类。近些年，对我国社会影响最为深远的自然灾害事件，莫过于 2008 年发生的汶川地震。深圳渣土堆填体滑动事件，则是事故灾难的典型代表。发生于 2002 年年底至 2003 年的"非典"事件被认为是我国应急管理体系逐渐开始建立的标志。2014 年广州爆发登革热疫情，也是我国近几年发生的重大公共卫生事件之一。2014 年上海外滩踩踏事件也对我国应急管理制度有深远影响。

一、"非典"事件

"非典"事件是 2002—2003 年发生在我国的特别重大公共卫生事件。该事件影响广泛，引发了一场大范围的传染病疫潮。"非典"是"传染性非典型肺炎"的简称，学名为"重症急性呼吸综合征"，是由 SARS 冠状病毒引起的一种具有明显传染性、可累及多个脏器系统的急性呼吸道传染病。患者会出现发热、乏力、头痛、肌肉关节酸痛和各种呼吸道症状[1]。"非典"疫情对我国经济造成了不可低估的影响，旅游业及相关服务业受到"非典"的负面影响最为严重，由于居民减少外出就餐和公务、商务活动，2003 年我国旅游业、餐饮零售业收入同比下降 20% 左右。在"非典"的影响下，我国对外经贸形势也不容乐观。"非典"事件虽然直接危及的是人们的生命健康和经济的发展，但它挑战的对象则是我国政治体系的公共管理职能、权力运行方式、社会动员和整合资源的能力。"非典"事件后，我国政府在公共管理职能、政治公开制度、政治的规范化等方面均有所改变[2]。因而学术界普遍认为，在应对"非典"的冲击和挑战的过程中，中国政治体系获得了相应的进步。"非典"事件对我国经济影响主要是负面的，但对政治的影响在结果上却是正面的。

在 2003 年抗击"非典"的过程中，我国应急管理工作的薄弱环节暴露殆尽。该事件推动了我国应急管理理论与实践的发展。抗击"非典"后，我国有了更为现代化的应急管理制度，也形成了公开、透明的应灾文化氛围。在"非典"爆发初期，中国政府没有做到每日向世界卫生组织通报疫情，并且在最初提供的数据中，只列出广东省的发病状况。疫情扩散后，世界卫生组织重新提出针对中国的旅游警告，把北京列为疫区。多家国际媒体指责中国企图隐瞒疫情，导致病毒在全球扩散。国内政界、学界、媒体界也纷纷表示"非典"事件暴露了中国医疗体制中存在的众多问题和漏洞[3, 4]。在"非典"事件后期，中国官方媒体对国内外媒体的一些不正当言论做出了批驳，并与世界卫生组织进行了有效、透明的合作。"非典"事件对于健全我国应急机制、提高政府应对突发公共卫生事件的能力有着重要作用，也突显了我国积极应灾、联合应灾的文化特色。

二、汶川大地震

汶川地震发生于 2008 年 5 月 12 日，是中华人民共和国成立以来影响最大的一次地震，直接严重受灾地区面积达 10 万平方千米。汶川地震的危害极大，极重灾区共 10 个县市，遇难 69227 人，受伤 374643 人，失踪 17923 人，直接经济损失达 8000 余亿元[5]。

但汶川地震救灾、减灾的过程却展现了中华民族的民族精神和传统美德。汶川地震使得哀悼与感动成为我国地震文化的主题。中国人的忧患意识在抵御自然灾害的侵袭中清晰地展现了出来。在汶川地震中，中国人满怀责任意识和道德自觉，不断了解着天文地理，改造着自然环境。外国学者曾赞颂中国近些年的应灾能力："在应对灾难时，中国政府、人民和社会各界表现出来的速度、效率和奉献精神给我们留下了深刻的印象，这与美国国内的状况形成了鲜明的对比。在美国自然灾害的发生往往伴随了政治、社会和经济灾难，而中国向我们展示了其应对灾难时非凡的组织能力以及全国人民的同情心和创造力。"[6]

在汶川地震抗震救灾的过程中，中国传统的临危不惧、舍己救人、见义勇为精神得到了世界各国的普遍赞颂。汶川地震中的许多为他人谋幸福的行为，不仅仅是出于人道主义，更主要的是受中华民族自古以来"仁爱"精神的驱使。人们用自己的方式，守护着赖以生存的自然环境和精神家园。随着人类不断提高征服自然的能力，人们也提升、控制、驾驭着人的意志和欲望。在提高工具理性的同时，也要提高价值理性，使两者在社会教化、学校教育、家庭生活、自我修养活动中得到平衡。在应对灾难的过程中人的道德境界得以升华。

三、广州登革热疫情

2014 年 6 月，广州爆发登革热疫情，随后疫情在各地发展。截至 2014 年 10 月 21 日，广东全省共有 20 个地级市累计报告登革热病例 38753 例，重症病例 20 例，死亡 6 例。直至 2014 年 10 月 25 日，疫情才得到控制。在疫情发生、发展期间，广东省针对疫情形势采取了特别措施。

从组织管理方面来说，广东省和广州市政府分别启动了 II 级重大疫情应急和 III 级较大疫情应急响应机制，并制定了应急预案。广州市由市长牵头成立了突发公共卫生事件应急指挥部，卫生局负责组织协调，统一领导疫情处置工作。在市长的主持下，应急指挥部定期召开疫情处置会议，沟通便利，指令下达效率和执行力度较高。

以卫生局、城管委为中心，通过其下属部门、基层组织、社会媒体向外辐射，包含全社会在内的联防联控机制得以成型。借由政府宣传部和疾控中心与媒体在信息上沟通合作，建立了疫情每日通报制度，及时发布信息。为了切断蚊媒传播疾病途径，广州市数十万人参与了灭蚊行动。

在具体措施上，广州军区卫生部成立了工作指挥组，军区控制中心组织人员，进行病媒生物防控工作。首先，根据此次疫情及驻穗部队不同的生态环境、地理位置、发生情况因地制宜制定应急防控预案。其次，军地结合，多部门联动，积极地开展媒介生物防控工作。同时深入基层，有针对性地开展健康宣教及防控知识指导，并且设置了监测哨点，掌握蚊媒消长规律，指导部队进行消杀工作。

四、上海外滩踩踏事件

2014 年 12 月 31 日晚，大量市民和游客聚集在上海外滩等待新年到来。大量人流拥挤在外滩，突然有人跌倒，继而引发多人摔倒、叠压，造成拥挤踩踏事件发生。该事件造成 36 人死亡、49 人受伤，被认为是一起对群众性活动预防准备不足、现场管理不力、应对处置不当而引发的拥挤踩踏并造成重大伤亡和严重后果的公共安全责任事件。

事件发生后，国家及上海市政府对该事件高度关切，开展了救援工作。有关领导奔赴现场进行指挥，并指派专人到医院对事件的伤者和亲属进行慰问，对亡故人员进行身份确认并公布名单。对伤员进行回访，同时通过网络发布、书面发布等形式向社会公布事件处理进展情况。

从事件本身的发生过程进行分析，该事件发生是因为拥挤的人群导致阶梯底部部分人失去平衡摔倒，是突然发生的、无法预知的。但在管理上也存在很大问题。例如，前一年的迎新活动，按照外滩观光人数配置警力，平均每名警力负责人流数约 50 人，但是在 2014 年观光人数达到 31 万人次的高峰时，区政府及相关部门未能及时申请增配警力，使得每名警力负责人数达到了 388 人。并且，黄浦区公安分局指挥中心没有严格执行和落实半小时上报一次人流数的规定，政府也没有及时做出预警，存在信息不畅的缺陷。

踩踏发生后，群众自发在网上发布了外滩踩踏现场的情况。政府官方发布了包含事故伤亡、领导人指示、调查情况、死者名单、善后处置在内的多条信息，着重于信息公开，也进行了舆论引导，期望打消群众疑虑。在应急处置后期，政府官方又发布了事件过程还原、医疗救治情况、责任认定、整改建议、处理决定等，着手于对危机的处置。最后，为了平复事件影响，政府组织发布会，承认对该事件有不可推卸的责任，就失职道歉，并公开了抚恤金标准。

五、深圳渣土堆滑动事件

2015 年 12 月 20 日，广东省深圳市光明新区凤凰社区恒泰裕工业园发生滑坡。滑坡覆盖面积约 38 万平方米，共造成 73 人死亡，4 人失联，多栋建筑物被掩埋或不同程度损伤。经国务院调查组调查认定，此次滑坡灾害由受纳场渣土堆填体滑动引起，是一起生产安全事故。警方依法对企业负责人及事故相关责任人采取了强制措施。

事故发生后，深圳市政府启动了应急预案。该应急预案包括组织机构、运行机制（应急响应、信息报告、响应启动、现场处置、处置措施、应急动员、应急终止等）、应急保障（人员、资金、物资、部门、交通、信息等）、监督管理四部分。多家医院参与了应急救援工作，选派医护人员、后勤保障人员组成队伍参与救援。救援医护人员分成两组，一组由急救、急诊等科室医护人员组成，在灾情发生后的十五分钟进入受灾现场，担任应急医疗救援任务；另一组由其他科室和社区健康服务中心等医护人员组成，担任灾后居民安置点的医疗保障任务。

在组织机构上，该事件的应急处置有统一的指挥和协调机构，有效地实现对各个医疗保障点的组织和管理。指挥协调机构下设不同小组，保障应急医疗工作顺利进行。针对各个居民安置点的医疗保障工作，制定了人员职责、预案、流程等工作制度。根据受灾人员的情况，选派了经验丰富的医务人员，并随时值班。固定时间报送物资需求，集中统一配送救灾物资。设立监督和巡查机制，为应急救援和恢复提供保障。

第二节 灾难改变区域生态

影响区域整体生产生活环境的灾难，是超越了当地历史经验和文化传承的特殊现象。这类灾难所具有的极端性、突发性和不可控性，可能放大文化体系的脆弱性，也可能导致社会结构变迁。灾难改变的生态不仅指局部自然环境，也是地方化的人文特征。作为社会生活的一种独特场景，灾难是生活世界中各种关系的总体呈现。在区域生活图景的基础上对区域灾难进行结构性的考察和分析，能展现灾难现象及其发生机理。我国有许多节日都是因区域受到灾难冲击而产生。

一、春节与爆竹

中国有四大传统节日，按照时间的顺序，分别是春节、清明节、端午节和中秋节，而春节在国人心目中的地位尤为突出。春节的习俗在我国由来已久，最早可追溯至四千多年前的上古时期，但是最终定型则是汉武帝时编纂的《太初历》中。在几千年的历史中，各地又衍生出了各自不同的风俗习惯。但是这些缤纷复杂的名目背后的缘起是什么呢？为什么要贴对联？为什么要放炮？为什么要发压岁钱？如此红火的节庆背后，隐藏的正是古代人类对于未知事物的一种朴素的世界观。按照人类看待客观世界的方式方法不同，大体可将人类的发展阶段分为四个：神启、神崇、神退和神灭。在比上古时代更加久远的时期，鸿蒙初开的人类对于客观世界的看法有一个非常简单的总结，那就是将其归于某种神秘力量。而随着时间的推移，这种神秘力量在人类的文化中某些被称为神，某些被称为先祖之魂，某些被称为鬼怪邪祟、魑魅魍魉。虽然当时人类对客观世界的认识程度低，这种唯心主义的思想盛行，但是最根本的原则还是有的，那就是按照对人类自身发展好坏将这些神灵鬼怪进行分类，给人带来好处的称为神，如财神、门神、灶王神等；给人带来坏处的称为怪和鬼，如旱魃等。古代人们认为，大面积的旱灾就是由于魃这种鬼怪的存在。但是慢慢地，先民们发现，自作多情的贬低并没有为自身的困苦处境带来好处，进而信仰更加虔诚，将一些坏的事物也称为神，最常见的就是瘟神。一些春节延续至今的习俗其实就和这种对于未知力量的抵抗有关。

最近几年，很多城市都不让燃放烟花爆竹了。对于空气而言，这无疑是好的。但是也有人指出，放鞭炮是老祖宗传下来的文化传统，就这么弃了有失妥当。其实不然，通过现代光影技术对鞭炮声的模拟非但不是对传统文化的亵渎，反而是一种返璞归真。这就要说到过年放鞭炮这一习俗的起源了。

鞭炮也叫爆竹，或者说爆竹才是其最纯正的称谓，因为爆竹存在于火药发明之前。而有趣的是，爆竹在当时也仅仅就是字面上的意思而已——被火爆开了的竹子。由于竹子独特的腔室结构，在被火烧炸开的一瞬间，不仅会发出极大的声响，而且会伴随着耀眼的火光。这也是刚才提到返璞归真的原因——春节燃放烟花爆竹真正的含义不是为了热闹、不是为了比谁鞭炮长，更不是为了纪念火药的诞生，而是源自对声音和火光的需求。为什么呢？通过早期的一些著作，我们可以窥知一二。东方朔所著《神异经》有载："西方深山中有人焉，其长尺余，性不畏人，犯之令人寒热，名曰山魈。以竹箸火挂煿，而山魈惊惮。"南北朝时的风物故事录《荆楚岁时记》有着更加明确的记述："正月一日，鸡鸣而起，先于庭前爆竹，以避山臊恶鬼。"一个是"魈"，一个是"鬼"，看来都不是什么好事物。前者的山魈在古人看来会"令人寒热"，"寒热"是中医里发热的一种表征；而后者的"山臊恶鬼"也是古人认为能够带来瘟疫的恶灵。由此可见最早的爆竹不过是先人们在自己对世界理解上，运用声光对疫病灾难的一种防范和反抗。而更多的内涵，通过结合历史与现实的逻辑推理，也能略知一二。

其一，行路难。古代人们没有便利的交通工具，虽然当时也有马匹、马车等代步工具，但大多价格昂贵，只有达官贵人才用得起，普通的老百姓只能依靠两条腿。这就导致人们在行路时，不仅少有遮风挡雨的条件，而且如遇不到投宿之处，通常只能露宿野外。野外不仅有各种蚊虫猛兽，而且天地为被的自然条件也很容易让行路的旅人染病，最常见的就是《神异经》中提到的"寒热"。但先人们肯定不会坐以待毙，最简单的方法就是点燃篝火，这是源自原始社会就十分常见的自保手段。这样不仅能够驱寒保暖，而且还能够防止野兽侵扰。但是，周遭不断传来的野兽嚎叫声也让疲惫的旅人睡不安稳。后来，人们发现柴火堆不时响起的噼里啪啦声能够终止这些吓人的嚎叫，这其实源自野兽对于突然出现的声响的本能反应。而火堆里的声响越大，周围就越安静。若这一措施对野兽有用，那么使用竹子作为材料，产生更大的声响、更加明艳的火光应该也可以对付那些更可怕的东西，比如令人畏惧的各种鬼神。因此，爆竹的出现实则来自人们对安全感的需要。

其二，春之祸。春节是阖家团圆、快乐喜庆的日子，对于古代劳动人民而言，虽然也是辞旧迎新的标志，但是也包含着对不远的未来的忧愁：一愁疫病，二愁口粮。春季的疫病问题放在现在也不可小视，比如春季气候干燥、气温回暖所带来的流感病毒传播等。在古代，算命先生往往身兼医生之职，当瘟疫来势汹汹时，人们将其归于某些鬼怪作祟。因此，在春节里燃放爆竹、惊走邪祟的朴素做法也就不足为奇了。而春节后的口粮问题则和一个词语密切相关——"青黄不接"。"黄"是成熟的庄稼，"青"是地里未成熟的庄稼。在年节之后的数月间，人们都只能吃着陈粮，眼巴巴地等着新粮收获，但中国特殊的地理情况往往会造成春旱，这也是"春雨贵如油"的原因。在大自然面前，无助的古代劳动人民只能又一次将其归因于旱魃等邪灵的存在，所以在过年时指望着通过燃放烟花爆竹吓走它们。

其三，战之殇。信仰通常源自两种心理：灵验的满足和无助的期盼。两者无论哪一方面都需要所谓的仪式在客观上给予一定的回应，哪怕是偶然的。爆竹对于惊走猛兽以及给人带来排除疫病、祈求丰收的安全感有一定的作用，但是如果没有适当的期盼回应，则会导致信仰的缺失。这在生产力水平极其低下的古代社会几乎是必然的。在中国历史上，爆竹使得人们对于这种民俗仪式越发笃信。最初的记载出现在隋末唐初。隋末唐初的战乱使得当时的人口数量呈陡坡式下降，就算历经了贞观之治也没有办法完全恢复，可见当时战争的惨烈和死亡人数之多。这就必然导致尸横遍野，瘟疫横行，当时很多荒山野岭被当作乱坟岗，致使瘴气丛生，生物不敢靠近。后来有人将硝石装在竹筒里，点燃后不仅发出比单纯的竹子更大的声响，而且产生浓烈的烟雾驱散了瘴气。这也是爆竹从原始形态慢慢过渡到后来使用火药的原因之一。中国历史上的大规模战乱何止隋末这一场，而火药中的硫磺和硝石在燃烧后所生成的大量烟雾正是瘟瘴之气的克星。

现在的人们面对干旱，首选不再是烧香磕头，而是对着云层来几发降雨弹。但是居安思危、防微杜渐的灾难思维和危机意识不应该随着红红火火的日子的来临而日渐远去。当然，从客观上来讲，这种生物对于危险本能认知而产生的一些风俗和习惯，对于人类而言也是最为深刻、浸入骨髓的。试想一下，似乎人类最重要的节日和纪念日都是和灾难、斗争有关，有的是和天地斗，有的是和自己斗，如西方的复活节、圣诞节、情人节，再如各国的国庆节和独立日等，我国传统佳节同样也和灾难有着极深的渊源。

二、端午节和梅雨季节

提到端午节，人们想到最多的是什么？或许就是粽子和屈原了。屈原其人最早见于司马迁所著《史记·屈原列传》。据记载，屈原在楚国受贵族排挤，郁郁不得志，寡游天下，在秦破楚都后投汨罗江自尽。而后楚地人敬仰其爱国之坚韧、为臣之忠贞，不忍江中鱼儿啃食其尸骨而将粽叶包裹江米投入江中。但事实上，关于端午节的"人物起源说"不止这一例，还有"伍子胥说""曹娥说"，等等。闻一多先生甚至直接怀疑屈原是否真的存在过，因为从屈原自尽到《史记》成书前的七百余年历史中，没有任何其他关于屈原其人的文字记录。而且更重要的是，这些人物实则远远谈不上是端午节的起源，因为在这些历史人物出现之前就已经存在了端午祭奠仪式，其中最久远、最著名的是赛龙舟。龙舟中的一个"龙"字表明了这一祭奠活动来自上古先民对于龙图腾的崇拜。端午节与灾难之间的相关性，主要体现在天候和节气。

梅雨季节对我国的长江中下游、辽东半岛、台湾地区都会产生广泛影响。其中，对于我国长江中下游地区的影响最为强烈和持久。长江中下游地区梅雨期大约出现在芒种和立夏两个节气之间，正常的年景长约 30 天，根据梅雨开始和结束的时间不同还有"早梅""空梅""倒黄梅"等说法。很多长江中下游地区暴发的洪水、强降雨灾害都是源自梅雨的长时间滞留，如 1954 年的长江全流域洪水灾害和 1998 年的特大洪水。而我国南方地区自古以来就流传着"雨打黄梅头，四十五日无日头"的谚语，形象地阐述了梅雨到来之时当地"阴雨绵绵无绝期"的天候情况。端午节正处于芒种和立夏这两个梅雨期的时间节点之间，排除反常梅雨期所带来的洪水灾害不谈，端午节和梅雨季节之间的关系更多地表现在其他更加贴近人们吃、穿、住、用、行等日常生活的方面。

　　梅雨这个词拥有江南地区独具的诗情画意，但其内在却令人厌恶，因为随着梅雨季的到来，空气湿度增加，温度也随着太阳距离北回归线越来越近而逐日攀升。这一天候极易导致食品、衣物发霉，特别是在储藏设备非常原始的古代，这一现象更是司空见惯，这也是"梅雨"被戏称为"霉雨"的原因。长时间的阴雨天气、不见天日也导致人体免疫力降低，容易受到各种病毒和细菌的侵袭。而各种虫蚁蛇鼠也在这种天候下活动频繁，蚊虫对这种湿热的环境最是心仪，而原本躲在地下的蛇、鼠等生物也开始在地表的人类生活区活动，各种风险源的存在导致了在梅雨季节鼠患、蛇患等各种灾害爆发的可能性激增。因此，古人认为五月初五的端午是"恶月恶日"，早在汉代王充的《论衡》中就对此有所提及，因而出现了相关的文化活动，形成了颇有特色的端午传统。如饮雄黄酒以祛湿排毒，撒雄黄以防蛇防虫，挂艾叶以驱邪避虫，置五毒图以防五毒之害等。

　　时至今日，随着科技水平的提高，各种风俗习惯仅仅变成一种对于传统的继承。住在楼房公寓中的人们不需要再担心五毒之害，良好的密闭条件使得家中不再那么潮湿，可能出现的疫病和病虫害在现代医疗和科技面前也显得不值一提。但是人们就算不热衷于赛龙舟、不崇拜屈原、不会专程去汨罗江投粽子，但是中华大地的家家户户在端午到来之时几乎都有着挂艾叶的习惯。不得不说，灾难对人类的影响真的远比单纯的纪念仪式要深刻得多。

三、苗族踩鼓节和招龙仪式

　　苗族在我国主要分布于黔、湘、鄂、川、滇、桂、琼等省（自治区）。这些地区多存在喀斯特地貌，生态环境脆弱，土层薄、暴雨冲刷力强，加之人类活动，苗族生活地区的石漠化严重，自然灾害频繁。如遇旱灾，石漠化会带来比其他地区更加严重的人畜饮水困难。

　　踩鼓节流传于贵州的凯里、丹寨、雷山等县的苗族地区[7, 8]。苗族所踩的鼓，以实心楠木挖空、两端绷以牛皮制成。每年农历二月的特定日期，苗族青年男女聚集于当地规定的歌场上踩鼓。据说在远古时代，苗族原居住的地区曾发生严重的自然灾害，苗族人民为避灾，背井离乡，途径漫无边际的大森林时迷失了方向。后经一只啄木鸟引路帮助，才摆脱困境，来到一片富饶的土地上定居。后来以鼓声代替啄木鸟啄木之声，逐渐形成了踩鼓节的定俗。苗族居住的房屋紧靠山腰山脚，选址缺少科学规划，考虑经济因素多，考虑地质灾害因素少。在建设房屋时就地取材，用石料和木料修造出一幢幢颇具民族特色的石板房、竹木房。这样的建筑分布，在台风、暴雨等因素影响下，随时可能遭受山体崩塌、滑坡、地面坍塌等地质灾害的侵袭。木板房也最忌火灾，如不幸发生了火灾，则认为是护寨龙跑了，要举行招龙仪式。所谓招龙，是在寨子边界的最高山上，呼唤接龙，把龙引入龙潭，在龙潭中杀水牯牛祭祀。因此龙潭也是一个神圣的地方，龙潭附近的一草一木都不能砍伐，尽量不能让龙潭水干涸，以免无水则龙走，因而形成了龙潭林。龙潭林具有涵养水源的作用，当有发生火灾时，可以取水灭火，减少损失。

过去贵州苗寨都有自己的理老和寨老负责处理各种内部和涉外事务，并由他们组织议榔制定各种乡规民约，其中涉及不少森林管理方面的内容规定，例如不许乱砍树木和挖掘有再生能力的树根，不慎失火烧山者要受处罚等。良好的自然生态就是抵御自然灾害的最好屏障。山林广布的贵州民族地区实行轮歇耕作，巧妙地抑制了水土流失，减少自然灾害发生的可能性。

第三节　灾难诞生民族情结

文化的传承本质上是文化基因的传承。在民族融合、演化、发展的过程中，文化逐渐形成，并被一代代本民族人认同，凝结着各民族传统的文化精神。因灾难诞生的民族情结，首先作为一种基因存留在区域人群的意识、习俗、性格、信仰和追求中，反映为共同特质。这种特质维系、协调、指导、推动着区域人群的生存和发展，逐渐为其本身及外界所认同。在共同生活和生产的过程中，灾难文化又不断地产生变化和向外扩散，扩大其影响力。

一、文化基因

人类发展的过程是对自然环境不断适应和利用的过程，文化形态也同样是人类适应自然环境的结果。自然环境决定文化形态，文化形态又影响乡土民情。灾难恰是自然和人文环境的极端形态，是促使人与自然交流的纽带。灾难在文化的形成发展中展现出综合性和主导性的特点。一方面，一个区域内的各种灾难整体地、全面地对当地文化的形成和发展发生作用，体现为综合性；另一方面，突出的灾难迅疾而猛烈地形成某种文化趋势，从而形成主导性。灾难文化既有纵向的传承，也有横向的借鉴与融合。随着人口流动和地理变迁，各地之间的灾难文化是相互交流的，在交流的基础上又形成新的地方特色和民族特色。

中国人的民族文化是以乡土民情为内核的文化基因所决定的。乡土民情，代表了一种生存方式、文化模式、思想精髓。乡土民情体现着中国人世代传承的生命意识，融哲学观念、文化意识、感情气质、心理素质为一体。中国的文化发源于农耕文化，农业耕作方式在地域上的固定性塑造了中国文化的地域性特征。在固定的土地上耕种、在封闭的家庭中生活，形成了中国人对乡土的眷恋和人情的依赖。乡土人情是根植于中国文化的核心基因。

灾难的发生在一段时间内改变了人类的生命意识，并以乡土民情的方式成为历史延续，在中国人文情感的发展中起着承上启下的作用。中国灾难文化在漫长流传过程中经历了复杂的变化，但始终保留着某种固定的形式和内容。这种在灾难推动下形成的乡土民情，以区域展现特色，互相区别又互相联系，最终形成全民族的灾难意识。

灾难依附于区域人群的生活习惯和情感色彩而产生文化。这种文化以灾难意识为载体展现了中国人的精神风貌和价值取向。灾难文化基因增强了乡土民情的认同感，塑造了为某一区域人口更加认同的地域品格。灾难对乡土民情具有塑造作用，乡土民情时刻折射着灾难的遗存。

二、文化认同

在乡土民情的影响下，人们对于所属区域的文化形成内心承诺，相应地获得群体的认可和保护，从而展现为文化上的认同。籍贯认同、国家认同、民族认同与文化认同之间是相互依附的。长期在同一个区域里生产生活，人们的价值观念、生活习惯、语言文字等都趋于一致，从而在彼此间形成相互认同、相互理解的归属感。一旦这种关系被打破，人们与家乡以外的居民在交往方面存在障碍，就会感到无形之中被孤立，从而产生一种"背井离乡""漂泊在外"的感觉，以致缺乏安全感，从而加固对家乡文化的认同。灾难塑造了地区的文化基因，在文化基因之上形成的文化认同，又影响受灾群体的应灾行为。

在区域之上，中国人原始的灾难文化也由早期精神崇拜中展现出来。先秦典籍中有关于共工氏与颛顼争帝位，撞不周山、折天柱、绝地维的记述，也有关于"四极废、九州裂"，从而产生女娲补天的传说。究竟是自然灾害引发了战争，还是战争带来了自然灾害，难以言说，也许只是暗示了自然灾害与人为灾难相伴相生的社会认知。先秦时期，"圣而不可知之之谓神"。对于自然灾害的神化，是对于自然灾害"不可知"的体现。除了用上古战争来解释自然灾害外，精怪也常被认为可以主宰灾害。以赑屃为例，在神话中，赑屃被认为是"龙之子"，原本常背起三山五岳来兴风作浪，后被夏禹收服。协助夏禹治水成功后，夏禹有功，命赑屃将其功绩以石背起，故现在所见的赑屃常负石碑。

阴阳五行是中国的独特文化，用阴阳五行解释灾难现象，更是中国古代特有的应灾行为。阴阳五行观念认为，阴、阳构成了物质世界，万物在阴阳二气的相互作用下产生、发展、变化；木、火、土、金、水是构成世界的五种最基本元素，这五种物质之间相互滋生、相互制约，处于不断的运动变化之中。阴阳致灾主要是由于"阴阳不和"产生的，有两种表现形式：其一，阴阳各有其序、其职，如果一方强盛，一方衰靡，灾难就会随之而来；其二，阴阳平衡通过阴阳相交、相融来实现，若阴阳不可调和，灾难也会发生。五行致灾与阴阳致灾相似，五行制克，若其一过盛，打破制衡，则会造成四极之内天地人物的异变。《国语》中记载西周向东周的过渡，并非是惯常的"烽火戏诸侯"的桥段，而是以伯阳父之口，用阴阳五行之说，阐释了三川地震的现象。"阳伏而不能出，阴迫而不能蒸，于是有地震"。又因水土共生，"阳失而在阴，川源必塞"，因而昭示了"国亡"命途。

三、文化演化

灾难不仅破坏人们的生存和发展环境，而且还对受灾群体的区域文化和精神世界产生毁灭性的打击，从而促成文化的发展。旧的传统行为及其裹挟的文化被夷为平地，为新的社会力量的产生和发展提供了契机。灾难过后，接踵而至的不仅是实物的改变，更是原有的生业和文化共生关系的改变。灾难文化从更加立体的角度反映灾难的历史作用，成为人类发展的动力。

另一方面，应灾行为代表了某一阶段某种文化的特定行为方式。在文化形成的过程中，政治体制、经济水平、思想观念发挥着重要作用。生产力发展是人类应灾行为改变的根本原因，也是灾难文化形成的重要因素。由崇拜天神到兴修水利，由消极逃灾到防灾减灾，人类的应灾行为随着社会生产力的发展而不断变化。文化的形成是非官方的，但是它受到政治体制的制约，政治可以鼓励或禁止灾难文化的发展。经济的发展与科学技术的进步紧密联系，科技创造新的生产方式并转化为强大的物质力量推动经济发展，同时形成新的生活方式并转化为前所未有的精神力量，文化便应运而生。思想本身就是一种文化现象。社会思想的变化受到政治体制和经济基础制约，但又是具有独立性的。

时至今日，社会变迁和技术影响日益加剧，灾难往往超出了人类经验的认识范围。传统的灾难应对策略和机制常常暴露出种种局限，因而需要引入更趋科学的技术手段，以契合地区实际灾难情况，对灾难应对的本土实践进行一定的引导与补充。灾难文化将有助于实现社会文化资源与现代技术手段的有效互动衔接，建立起科学有效的灾难应对机制，减少次生灾难和社会文化问题。本土实践和外来技术会冲撞出各种社会行为适应和文化观念冲突的问题，这是当代应急管理研究与实践的派生现象。随着信息技术的发展，地方应对灾难的行动越来越受到外界干预的深刻影响，日益呈现为地方群体与文化影响下社会结构的关系调适，主导着地方群体的社会结构和文化观念的变迁。当代应灾实践中所展现出的迅速、积极的社会和文化的自我调适，也是中华民族文化自我延续能力的体现之一。

四、文化扩散

灾难塑造了区域文化，该种文化由母体文化传入异质文化中，个体或群体基于对两种文化的认知和感情依附而做出一种有意识、有倾向性的行为选择和行为调整。灾难文化扩散是一种过程，个体或群体为了生存和发展强迫性的学习或模仿异质文化中的应灾行为，其结果是母体文化逐渐与异质文化完全融合。在灾难所造成的迁徙中，文化的扩散尤为明显。当受灾群众被迫流亡进入某地之后，先在某地定居下来，然后经过一段时间的行为规范和心理调适，逐步变成当地人。这种灾难文化的扩散过程包括生产方式的适应、生活方式的适应、思维方式的适应等。当流亡的受灾群体的当地身份被认同时，受灾群体原本的"身份"发生了消解和重组。

人口流动是早期灾难文化扩散的方法。在现代社会，电视、广播、报纸、网络等媒介形式使得灾难文化的扩散方式发生了转变。新媒体时代的一个重要特征，是人人都可以成为传播者。传播技术的发展使得互联网和手机媒体成为人们生活中必不可少的沟通工具，除了为阅读新闻和表达观点提供便捷外，也满足了个体发声的愿望。在如今的新媒体时代，自媒体信息传播被认为是一项时代特征。自媒体使得普通大众与全球知识体系相连。所谓的媒体传播平民化，即是传者的平民化、受者的平民化、媒介的平民化、信息的平民化[9, 11]。在灾难事件中，互联网和手机媒体凭借其迅速、灵活又不乏真实的传播态势成了新媒体时代的核心草根媒介，在灾难信息发布、灾难救助和灾难事件舆论引导方面发挥着越来越重要的作用。在灾难救助方面，自媒体也发挥了非常重要的作用，灾区群众通过自发的组织和传播实现自救和互救。群众通过自媒体开展舆论监督，监督的主体是人民群众，客体是公共权力、公共事务、公共人物。任何一次灾难事件都不是孤立存在的，而是社会系统中的一个元素。因此，灾难信息传播也不可能仅仅指向灾难事件本身。灾难事件中，公共权力的运行、公共事务的处理以及公共人物的一言一行都成为舆论监督的对象。而网络关注、网络围观、网络问责等成了灾难事件中自媒体舆论监督的主要形式。

灾难事件中，政府、媒体和公众之间构成了复杂的三角关系。政府行为的出发点是灾难救助和社会舆论引导，媒体则一方面要实现政府的宣传意图和社会效益，另一方面还要满足群众的信息需求。随着社会公众媒介传播素养不断提升，灾难信息传播渠道多元化，群众被动接受信息的局面有所改善。

本章小结

灾难在中华民族的文化中有着重要的作用和意义。灾难在一段时间内改变了人们的生命意识，并以乡土民情的方式在历史长河中延续下来。地域灾难文化的形成，灾难文化的流动扩散，是广泛存在的。在现代社会中，灾难文化的形成和发展方式又有了新的转变。抗击"非典"和登革热疫情、汶川地震救援、完善渣土堆安全、维护大型公共活动秩序，是我国近几年灾难塑造文化的典型代表。我国的应急管理制度逐渐现代化，应急国际合作逐渐常态化，应灾文化氛围更为公开透明。我国在国际应灾领域有了一席之地，中国人坚韧不拔、众志成城的民族精神也为世界所惊叹。

参考文献

［1］中华医学会，中华中医药学会. 传染性非典型肺炎（严重急性呼吸综合征，SARS）诊疗方案［J］. 中华医学信息导报，2003，19，10-20.

［2］程竹汝，杜莲梅. 论非典事件对我国政治的影响［J］. 政治与法律，2003，6，3-7.

［3］陶方林，袁维海，程霞珍. 应急信息管理［M］. 北京：国家行政学院出版社，2012.

［4］陶坚，林宏宇. 中国崛起与全球治理［M］. 北京：世界知识出版社，2014.

［5］梅琼林，连水兴. 公共危机中的信息传播"失衡"现象及其应对策略［J］. 社会科学研究，2008，5，11-16.

［6］邵龙宝. 全球化语境下的儒学价值与现代践行［M］. 上海：同济大学出版社，2010.

［7］范玉梅. 中国的少数民族节日［M］. 北京：社会科学文献出版社，2013.

［8］胡起望，项美珍. 中国少数民族节日［M］. 北京：中国国际广播出版社，2011.

［9］高方. 自媒体表达与中国传统文化基因［J］. 文艺评论，2015，5，28-32.

［10］王刚. 自媒体伦理漫谈［M］. 北京：中国言实出版社，2017.

［11］彭伟步. 突发公共事件媒介化现象解读［M］. 广州：暨南大学出版社，2014.

第三章 | 灾难的历史记忆

灾难记忆影响着全社会的行为规范和文化形态。历史研究是以史料为基础的，史料是中国人灾难记忆的载体。我国有丰富的反映灾难现象的历史资料，对这些史料进行整理和分析，能够展现中国的灾难史。现有研究普遍认为旱灾、水灾、虫灾、地震、火灾、瘟疫、冰雹是中国古代社会的主要灾害。然而，在我国漫长的历史演化中，每个时期由于自然和社会条件不同，主要灾难也不尽相同。古代社会对灾难的认知和反应主要体现在其政治、礼祭、技术中，这些思想和技术的精华部分，至今仍有借鉴意义。

第一节　以史料作为载体

古代历史资料中保存灾难史相关内容的仍以正史为大宗。现代研究者对这些史料进行了整理和分析，其中以对地震和气象的研究最为常见。基于丰富的历史资料，《中国灾荒史记》《中国古代灾害史研究》《灾害史研究的理论与方法》等贯通中国灾难史的专门研究著作也得以成书。

一、史料整理

我国正史中保留了大量与灾难相关的内容。历代正史往往设有的《五行志》《灾异志》，其他篇章中也零星保留有灾害相关记载，构成了连续两千年之久的中国灾害谱系。类书、通志、通考等文献中也专列"咎征部""灾祥略""物异考"等分部，分类记述各类灾害。地方志中则普遍设有"灾祥""祥异""灾异"等类目，专门记录某地区发生的异常事件及灾害事件。这些历史资料中的灾害记录，早期主要服务于王朝政治，现在则可以帮助我们通过文献整理和定性、定量分析，揭示中国自然灾害的特点与规律，探讨灾害与社会的关联。徐光启《农政全书·荒政考》中对蝗灾发生规律的探讨，被认为是我国最早对灾害记录进行时空分布量化分析的例证。康熙末年，陈梦雷编纂的《古今图书集成》，是中国历史上第一次大规模的灾荒史料整理，其中的《庶征典》《食货典》《乾象典》《职方典》《草本典》等分典中均载有灾难史资料。《庶征典》以"旱灾部""水灾部""风灾部""雹灾部""寒暑异部""丰歉部""蝗灾部""鼠异部""虫豸异部"等涵盖多种自然灾害，《食货典》中的"荒政部"则广泛收录历代救荒文献[1]。

自古以来，我国关于地震的史料整理最为丰富[2]。《太平御览》有关于"地震泉涌"的记载。《国语》和《史记》中记载了公元前780年，西周"三川（泾、渭、洛）皆震"的现象。除零散的记载外，《太平御览》《文献通考》《古今图书集成》等书都被视为中国历史上的地震资料汇编。北宋年间成书的《太平御览》载有自周至隋的地震记录45条。《文献通考》中罗列两宋时期我国的地震记录268条。《古今图书集成》记载了地震、滑坡和地裂654条。除地震现象外，地震成因、地震现象、地震破坏也是我国古代地震记录和研究的重要内容。对这些资料进行客观和细致的分析，能够了解我国古代人民应对地震灾害的思路和理念。我国现代地震方面的主要类书是《中国地震资料年表》和《中国地震历史资料汇编》。《中国地震资料年表》是由8000多种正史、别史、笔记、杂录、诗文集、方志、档案等古籍中整理的依照年代顺序排列中国古代地震的表格。科研工作者在《中国地震资料年表》的基础上又进一步汇集、整理、编辑出《中国地震历史资料汇编》。

气象灾害资料也在现代灾害相关研究中占主要部分。《中国近五百年旱涝分布图集》选用资料包括明清史料、地方志、各省民政资料、各省气象局调查分析资料、近代仪器观测资料等，反映了我国明清时期的水旱灾害概况。《中国三千年气象记录总集》收集了我国三千年间的各种有关气象的文字记载，按照年代顺序收集辑录，涵盖了有关我国历史上各种天气变化及大气物理现象事件的记述[3]。《中国气象灾害大典》是一部实用性极强的大型工具书，以现有行政区划为单位，收录了各地自先秦至今的各种气象灾害历史资料。

此外，还有各地区的灾害年表和资料分类整理。也有针对重大灾害的资料整理，例如《中国古代重大自然灾害和异常年表总集》，收集了正史、通志、府志、重要县志、古医书、古水利书、杂记及其他古籍中的自然记录，并包含甲骨文、奏折、古化石中的自然信息[4]。

二、历史研究

由《中国救荒史》和《中国灾荒史》修订、整理形成的《中国灾荒史记》系统性地介绍了中国古代人民同灾难斗争的历史，其中包含灾难的成因、危害、影响，以及各朝代对灾难及应灾活动的记录、分析。

《中国古代灾害史研究》内容涉及先秦至明清水旱、地震、虫灾、火灾，并且包含历代赈灾防灾政策，灾难与国家体制、教育、农业的影响也包含其中。书中既有对中国历代自然灾害的概观和系统论述，也有对具体灾难及灾难政策的个案研究[5]。

相对于专著，《灾害史研究的理论与方法》更接近于论文集。该书从灾害史的理论研究与方法、自然灾害与历代救灾实践、灾害与区域历史发展等多个方面进行了探讨。通过总结历史上防灾减灾的经验教训，为促进经济、社会的可持续发展提供了宝贵经验。

除了全国范围的灾害史研究，各省灾害史研究也较为广泛。例如《山东省自然灾害史》《北京灾害史》《华南灾荒与社会变迁》等。也有针对某一地区某一类灾害的研究，如《河南蝗虫灾害史》等。在专门的著作之外，有关灾害史研究的论文也层出不穷，不断深入挖掘灾害史的资料和人文内涵。

第二节　以时代作为脉络

中国自先秦时期就有"五害"之说。水灾、旱害、风雹、瘟疫、虫灾被认为是"五害"，其中水灾被认为是影响最大的灾害。通过史料研究，研究者已经对从先秦至明清我国灾害种类的演变有较为清晰的把握。不同的自然灾害，塑造了不同时期不同的文化氛围。

一、先秦

先秦时期，我国主要的灾害有旱灾、水灾、虫灾、地震、火灾、瘟疫等。商汤时期曾记载大旱，晋国也因大旱地面竟然出现白盐。先秦时期关于洪水大灾的记载众多，据历史记载，某些都城也被水浸。鲁国在僖公及昭公时期发生过大雨雹灾，冰雹竟然像磨刀石一般大，危害十分严重。先秦时期的蝗灾导致庄稼被毁，有时可断断续续达四个月，持续的时间很长。各国之间针对灾害互有通信，鲁国史书中就曾有对宋国灾害的记载。影响最大的地震是西周末年的地震，引发了西周到东周的变革。梁惠王、鲁昭公时期也有过造成严重影响的地震的记录。

先秦时期的人因灾害主要有火灾和瘟疫。天气干旱，不经意的小火常常引发火灾。《谷梁传》记载火灾可同时在多个国家发生，当时被传得神乎其神。这样的现象说明先秦时期火灾发生普遍，且危害极大，影响恶劣。先秦时期瘟疫横行，难以医治，历史上有瘟疫曾在齐国引起大灾的记载。

二、秦汉

秦汉时期我国的灾害主要有水灾、旱灾、地震、虫灾、风雹、瘟疫等。从数量和频率上看，两汉水灾的数量和频率在整个历史时期都较高，两汉平均不到四年便有一起水灾。秦汉时期水灾的多发区北方为关中、黄河中下游地区，南方为江汉地区。水灾发生的季节特征为集中在7、8、9三个月。黄河水灾在两汉十分引人注目，占两汉特别是东汉明帝命王景治河以前水灾的绝大部分。黄河在春秋战国的四百余年间一直比较稳定，少有泛滥的记录[6]。自西汉黄河决口后，便不断泛滥决口，多次导致黄河改道，时间长达80余年。两汉黄河水患之频繁、灾情之严重，历史罕见。王景治河以后，黄河安流，水灾以雨涝为主，多发生在江南。

秦汉时期的旱灾总数较多，发生频率较大，两汉平均不到4年便有一起旱灾。两汉旱灾灾区主要为北方，集中在关中、关东等地区。我国北方年降水总量较少，且季节分布不均，降水季节变化大，因而容易导致干旱。东汉以后，我国旱灾有南移的趋势，南方地区旱灾日益增多加重。两汉时代的旱灾多发生在春季和初夏，我国北方春季4月至5月上中旬，降水量仍很稀少，而太阳辐射量增加，温度迅速上升，水分扩散加速，很容易造成土壤干化，从而导致旱灾，使农作物无法播种。初夏时节，北方大部分地区降水正处于一个低谷期，而农作物需水量正大，极易形成旱灾。早春和初夏旱灾相连，灾情更为严重。

两汉是中国历史上地震较为频繁的时期，被认为是中国历史上一个地震活跃期，地震几乎平均每三年一起。秦汉时期的地震对地表、山林产生强烈的破坏作用，恶化了人类生存和发展的环境，还对人工环境诸如居民房屋、皇室殿宇造成毁坏。秦汉的地震有近半数都引起了统治者的高度重视，要么赈济灾民，免除租赋，救民之急；要么减刑赦罪，布德天下，稳定人心；要么下诏罪己，免除官吏，搪塞众口。地震是天人感应、灾异说最佳载体之一，引发广泛的舆情关注。因而，它要比水旱灾害更具迷惑性、恐惧力和说服力。

两汉虫灾总量及频率在宋以前的历史中都处于较高水平。考虑到时代越晚资料越为详尽，两汉的虫灾可能要重于其他各代。蝗灾的频繁还表现在，有时一年中发生好几起蝗灾，有时甚至连续几年相继发生蝗灾。秦汉的虫灾主要发生在夏秋两季，特别是 6、7、8、9 月这四个月。受气候反常影响，两汉气候复杂，蝗灾普遍。同其他灾害一样，两汉的虫灾主要遍布于北方。蝗虫产卵的场所主要为河边、湖滨以及一些浅海滩涂，雨水对蝗虫特别是虫卵的卵化影响很大[7]。北方夏秋季如果出现干旱少雨天气，河滩水位低落，荒地大片暴露，就为蝗虫的繁殖形成了有利条件，极易产生蝗灾。

秦汉雹灾数量总体上比较少，西汉又少于东汉。东汉气候寒冷干燥，容易引发雹灾。两汉雹灾多集中于山地、丘陵地带，以 4 至 6 月为主要发生时间。两汉降雹过程大都伴有雨水，且常常伴随大风。因而这一时期雹灾的危害性相当大，造成了严重的灾害，常常导致庄稼不收、人饥相食的严重后果。

秦汉越到后期疫病越多，频率也越高。秦汉时期的瘟疫高发区域为南方和东部地区。乱世是疫病的高发期。如果社会秩序稳定，人民能够维持基本生活水平，疫病的流行频率就比较低[8]。相反，社会动荡的情况下，疫病流行的可能性增加，疫情也更为严重。

三、隋唐

隋唐时期主要以旱灾、水灾、虫灾、风雹、地震、瘟疫等灾害为主。此期平均每两三年发生一次水灾和旱灾，较两汉时期发生灾害频率大大提升。隋唐时期，蝗灾越来越猖獗，鼠灾、兔灾等数量增多，范围越来越大。由于当时社会普遍相信蝗虫与关押犯人有关，所以会因虫灾对部分犯人进行减刑或释放。在蝗虫间歇性为害的同时，其他害虫也开始威胁农业，例如粘虫、紫虫、黑虫、蟓虫等。

隋唐时期，风雹灾害也有所加重，间隔时间也缩短了。风多与雨、雹交加，也有了海啸的记载。地震灾害较以往有所减少。瘟疫仍较严重，平均每20年发生一次瘟疫，流行面积广大，与旱灾、水灾所造成的饥荒常常伴随发生。

四、宋元

宋元时期的灾害以水灾、瘟疫、虫灾、地震、风雹为主。南方水灾多于北方，主要是因为南方雨量充沛。两宋时期的瘟疫涉及宋朝疆域的大半，分布十分广泛[9]。南方的瘟疫比北方多，东部比西部多，其中以浙江省的瘟疫最为严重。两宋时期的瘟疫在都城发生的次数较多，主要是由于都城是当时的政治、经济、文化中心，瘟疫的记载比较详备。另外，都城人口众多，人口流动性较大，容易传播瘟疫。宋元时期的虫灾广泛分布于华北平原及黄淮地区，河南、山东、河北、江苏等地区是蝗灾最严重的地区。

宋元时期，今日浙江、河南、四川、山东、山西等省份所在的地区发生地震较多，并且沿海地震占地震总次数的三分之一[10]。宋元时期的风雹灾害，沿海地区分布较多，内地分布则较少。其中，以浙江和河南地区风雹灾害的发生次数最多，影响最为广泛。

五、明清

明清时期的主要灾害有水灾、旱灾、虫灾、地震、风雹、瘟疫等。明清时期的水灾平均每年发生一次，并且随着雨洪灾害的发生区域而移动，有时造成连续性危害。旱灾是渐发型灾害，延续时间较长。明清时期，河南、山东、山西等地干旱时期较长，影响较大。

明清时期山东、山西、浙江一带出现过大范围的蝗灾。虽然有"掘蝗种"等人工捕杀蝗虫的方法，但没有起到较大的抑制作用。蝗灾对农业造成了极大威胁，使得民不聊生。

明清时期地震间隔期有所缩短，且经济损失增大。明朝发生了我国地震史上知名的关中大地震，损失之大、影响之深，令人生畏。

瘟疫仍然是突出灾害，明朝出现了永乐、正统、景泰三个疫灾蔓延期。清代瘟疫的明显特点是多处发生，疫情范围广。

第三节　以社会作为舞台

　　社会是灾难的舞台，对古代灾难的解读应从古代社会出发。古代社会对灾难的认知和反应主要体现在其政治、信仰、技术中。荒政是中国古代应灾政治的集中体现，是政府在灾难发生时为了稳定民心并尽快恢复生产，采取的一系列救灾政策措施。灾难发生后，祭礼也是必不可少的。我国古代有严格的礼仪传统，上升到贵族，即体现为一种祭祀天地、祖先的行为。兴修水利、植树造林、监测灾情是中国古代防灾减灾的主要手段。

一、荒政

　　中国自古就是一个灾难频发的国家，发生最多的灾难有地震、洪涝、干旱、蝗灾等，从历史年序来看，古代灾难的发生频率和危害程度呈现递增、加剧的态势。小农经济是封建时代农业生产的基本模式，属于主要的生产基础，生产技术和生产方式都比较落后。因此地震、恶劣气候、虫灾等多类型的致灾因素引发的灾难对农业生产的破坏力极强，负面影响显而易见，甚至是影响经济发展和社会稳定的决定性因素。

　　自秦汉以来的历史进程中，灾情救济的经济行为与社会维稳的政治活动一直是密不可分的。灾难发生不仅直接会造成生命财产的巨大损失，而且也会影响政权稳定。几乎在每一次大灾大难后，都会发生农民起义。比如在隋朝末年发生的洪灾，致使河南、山东等三十余郡受灾，民不聊生，加之官场贪腐盛行，最终导致了隋末的农民大起义。若灾情救济不力，极易引发严重的经济危机、社会危机与统治危机。故而历代封建王朝都将"救灾"作为重要的"国策"，在灾难发生期间对灾区及灾民采取一系列的救助措施，建立起较为系统和完善的救灾政策体系，称为"荒政"。

　　荒政即是古代遇到荒年所采取的救济措施。水旱灾害、地震风雹、鼠疫虫患都会造成荒年，容易引发社会动荡。荒政即是由此而生，是一种官方的社会救助行为。我国先秦时代已有劝导人们相互救助的官方倡议，荒政在西周时期已基本成型。南宋董煟编著的《救荒活民书》被认为是第一本救荒专书。俞森编纂《荒政丛书》和陈梦雷编写的《古今图书集成》，收集有大量灾荒资料，总结了古代诸多救灾措施。

中国古代的救灾政策按照灾情发展周期大致可分为祈祷、防灾、减灾、重建四类。在《周礼·地官》中将救灾政策划分为散利、薄征、缓刑、弛力、舍禁、去几、眚礼、杀哀、蕃乐、多昏、索鬼神、除盗贼等十二种类型，后世在此基础上不断调整和改进，出现了朝廷与民间双重救灾的荒政格局。救灾"事关安危，不可胶柱"，因此全面有效的救灾政策框架对国家政权巩固具有重要意义。

传统农业的发展与气候息息相关，可谓靠天吃饭，一旦遇到灾年，就会造成大规模的灾荒，因此就产生了仓储备荒制度。仓储制度最早起源于汉朝，是灾时救济的主要措施，也被后世各朝沿袭下来并不断完善。在清朝，从省到县各级行政区域都设有常平仓，定额存储米、谷等粮食，其来源是官府购买和乡绅捐赠。完善的救灾物资储备制度可以缩短救灾物资的运输时间，及时向灾区发放救济物资，减少伤亡，从而也能避免因灾难造成的社会混乱。

在古代，农业是百姓生存和发展的基础，所谓"民以食为天"，说明一旦农业生产遭到破坏，对国家或地区基本等同于"灭顶之灾"。封建社会的"农本主义"决定了古代历朝历代都积极实行重农政策，比如两汉时期注重休养生息，汉文帝曾免税十三年，元明清三朝都执行严厉的"督农政策"。重农政策可以积极促进农业发展，注重抵御各类灾难，避免发生流民之灾，以此维护封建王朝的稳定。

灾情发生后，官方启动救灾程序，采取及时、完备、严格的救灾措施，才能有效地减少损失，稳定社会秩序。完善的报灾勘灾制度要求地方向中央逐级上报灾情，是政府了解灾情、进而实施决策和统筹救灾的前提。随着朝代更迭，报灾制度逐步严格化，比如清朝明确规定"州县官报灾逾期一个月内者罚俸六个月，一个月外者降一级，二个月外者降二级，三个月外者革职。抚、司、道官以州县报到日期起限，逾期亦按州县官例处罚"。灾情评估也是重要的减灾工作，政府需要根据受灾程度确定灾难等级，从而采取合适的救助措施。

为了稳定民心并尽快恢复生产，在灾害发生时，朝廷往往采取一系列的救灾政策措施。严重灾情发生后，朝廷首先以赈济的形式向灾民无偿发放救济钱物，帮助灾民渡过难关[5, 11]。常见的措施包括以工代赈、移粟就民、移民就粟等。朝廷鼓励灾民参与兴修水利等国家建设，获得赈济钱物，即"以工代赈"。除调运国库仓米、截留漕粮、采购粮食外，朝廷还会从外地调运粮食到灾区，发放给灾民，即"移粟就民"。朝廷将灾民转移到资源丰富、未遭受灾害的地区，即"移民就粟"。灾民流亡，土地荒芜，严重影响国家税收，因而免除赋税、租税、赋役、罚款等措施也较为常见。灾时的赈济只是暂时性的应急措施，属于权宜之计，而让灾民生活恢复以往的生机才是长久之计。古代的灾后补救措施包括安辑、减租免租、放贷等。灾荒之年必然会出现流亡逃荒的现象，历代政府通常会采取减赋、免租、给田或者强制遣送等方式促使流民回乡复业。饥荒严重之时，盗风猖獗，所以官府对流民的招抚政策也必不可少。除此之外，官府可贷种、食、牛、工具等农本，并提供水利灌溉、植树造林、恢复生态等政策，助其复业，恢复生计。在灾害发生一段时间之后，安置流民、灾民返乡是古代救灾政策的重要组成部分。因为灾害带来的死亡，国家也有拨发钱款用于灾民医疗、丧葬的举措。由于国家财力有限，为了鼓励社会力量参与救助，国家会为捐钱者授官、赐爵。古代救灾政策呈现出社会参与性、条文具体细化、时代相关性、经济相关性等特性。富民乡绅这类民间力量在很大程度上补充甚至部分取代了各级官府在救灾中的重要性。从朝代发展阶段来看，救灾政策在每个朝代的中前期可顺利施行，但到晚期，赈济措施多沦为虚文，救灾政策伴随着朝代的盛衰而呈现出具体的变化特征。经济实力是救灾政策出台、运行与创新的基础，从历史发展来看，经济实力强盛的朝代是救灾政策的繁荣期。

自古以来，中国古代每个时代的荒政都有不同的特征[12]。汉代，我国有关荒政的制度已逐渐完善，勘查灾情、监督救灾，这对于增加人口、稳定社会有极大的意义，对中国古代文化有着深刻影响。但赈济标准较低、政府财政状况不佳等问题也制约着赈灾效果。汉代的礼乐文化有利于封建统治秩序的道德化、规范化，使得汉代的救灾思想丰富、发达。天人感应和阴阳灾异的学说也在救灾中体现出了一定的合理性和实用性。汉代的科技发展，拓展了人们的救灾思维和救灾行为。宋代的赈灾救荒措施具有行政性、市场性、社会性，被认为是中国古代荒政制度的转型期，其突出措施是增加食粮生产、建设屯粮之仓。清代荒政的基本程序包括救灾、财政、吏治等几个方面，被认为是荒政制度的历史顶峰[13]。清代统治阶级救灾措施制度化，有严格的救灾立法，救助组织周密，救灾支出博杂。但其区分民族、阶级、地区进行赈济，再加上腐败滋生，因而清代的荒政也有明显的弊端。清王朝的覆灭与晚晴时期自然灾害频发、政府救灾能力不足也有一定关系。

荒政思想对中国古代的救灾活动具有指导意义，但也受到天命主义的禳弭论的限制[14]。到了近代，传统的祭神禳灾并没有消失反而有激增的趋势。不仅庙宇神坛增多，祈神的方式也越来越烦琐和程式化[15]。祭神禳灾的心态在民众中根深蒂固，与社会衰败和科学无力密切相关。天命主义本质上是一种逃避心理，这种逃避心理导致民众缺乏直面灾荒挑战的勇气，最终加重了灾荒带来的损失。

二、礼祭

华夏民族自古就有"敬天法祖"的信仰，在历代王朝中，每年皇帝都要亲自祭祀天地，此项活动最早可以追溯到夏朝。祭天在历朝历代都属于"国务"，排场宏大，尤其是在明清两朝，传承并创新了古代祭祀的主要形式，祭祀礼仪、祭典程序都极其隆重与繁复。祭祀场所的建筑水平也体现了古代帝王对祭祀的重视程度，祭祀建筑一般代表了当时建筑工艺的最高技术水平和艺术创造力，比如天坛，就属于中国众多祭祀建筑中最具代表性的作品。古代祭天活动表达皇帝对"上天"的感恩之情，祈祷来年风调雨顺，祈求人与自然和谐相处，保佑子民少灾少难，趋吉避凶，趋福避祸。民间也存在很多祭祀仪式，用意也是祈求减灾增福。

中国自先秦时期起，就有与灾难、凶丧之事相关的礼仪、祭祀，即"凶礼"。凶礼是西周五礼之一，既针对一般的吊唁哀悼，也针对国家大规模灾难。凶礼包括丧礼、荒礼、吊礼、襘礼、恤礼。所谓"以凶礼哀邦国之忧：以丧礼哀死亡，以荒礼哀凶札，以吊礼哀祸灾，以襘礼哀围败，以恤礼哀寇乱"。丧礼是按照名分服丧的礼节。我国古代高度重视丧礼，有诸多繁文缛节。荒礼是在灾荒之年举行的祭礼，主要有安抚民心、维护安定的作用。吊礼是政府对遭受灾难的地区表示哀吊，同时也会举行祈禳活动，以除祟祛祸。与吊礼相似，襘礼是举国上下对受灾民众予以接济，本国对其加以救助和慰问。恤礼是对遭受不幸的国家表示慰问、抚恤的礼仪，由贵族进行。

在灾难发生后，古代皇帝会及时对吏治民生情况进行检讨，具体的制度有君主自谴、改元、策免三公、因灾求言、大赦天下、厌胜之术、减膳尚俭等。这些制度都体现了"天人感应"的思想，祈求上天宽恕罪恶，以求达到人和自然的和谐统一，促进农业经济的复苏和发展。比如灾情后，帝王会先检讨其为政得失，承认自己的"不德"，作为政治上对"灾异天谴"的回应。

在祭祀和礼仪之外，中国的神话故事也是与灾难相关的资料[16, 17]。盘古开天辟地、女娲团土造人的传说都包含了人们对灾异现象懵懂的认知。"规矩""八卦""龙马负图出洛水""灵龟负书现黄河"等传说，也是对地震、洪水、气象等自然灾害扭曲的记录。"精卫填海""张羽煮海""哪吒闹海"等神话，也反映了海洋灾害给人类带来的灾难。巨大的灾变，使得人们无法解释，因而就曲解为荒诞、传神的文字，作为一种模糊的记忆保留和延续下来。

道教是中国本土产生的宗教，其众多神灵也残留着灾难的影子。例如道教最早敬奉的"三官大帝"，"天官"为人赐福，"地官"为人赦罪，"水官"为人消灾。雷公、电母、风伯、雨师则拥有掌控水旱灾害、风雹灾害的自然之力。五岳大帝、四海龙王反映着先人对于地震、海啸的恐惧。瘟疫神，又称五鬼或五方力士，则反映了人们对瘟疫的惧怕。

三、工程

从社会布局层面来看，中国古代应对自然灾害的主要措施是兴修水利和植树造林。古人不但采取兴修水利和植树造林的措施，而且对于这些行为及后果有清楚的认知。为了预测自然灾害，中国古代已经十分重视天文、气象观测，并有相关法律及制度。

修建水利工程是中国古代重要的科学成就。我国人口众多，农业发达，水利灌溉、河防疏泛是历朝历代政务的重要工作。然而，我国水旱灾害频发，在几千年的文明长河中，中华民族无数次遭受洪涝灾害的洗礼。在灾害的推动和人民的努力下，我国古代的水利事业不断向前发展，建造了不少闻名世界的水利工程。这些工程规模巨大，设计水平高，说明先民们掌握了丰富的水文知识。兴修水利不仅可以促进农业生产，也能够疏通漕运，推动商业发展，促进社会经济全面繁荣。夏商时期，我国人民已经掌握了原始的水利灌溉技术，西周时期已形成了初级农田水利体系。春秋战国时期，都江堰、郑国渠等大型水利工程促进了农业的发展。两汉时期建成了六辅渠、白渠，大型灌溉工程由北向南拓展。魏晋以后，我国的水利事业继续向江南推进，到唐代基本上遍及全国，两宋时期已有兴办水利的热潮[18]。元明清时期的大型水利工程继续发展，小型的农田水利工程也星火燎原。时至今日，各种形式的水利工程在全国随处可见，发挥着显著的经济和社会效益。

我国历朝历代都曾提倡过植树造林，很多朝代设有管理林政的部门与官员，专门负责国家林业的发展[19]。在大力提倡种树的同时，还明确规定种植树木的方式和种类。两宋时期，少数民族政权大辽和元代的王室贵族都曾在都城广种树木，亲自巡视，并倡导普通百姓协助看护。在古代，除了改善生态环境的作用外，树木夏可纳凉、冬可引路，对于国计民生意义重大。明代曾设置奖励制度，鼓励官员广植树木。清代重视在河堤上种植树木，以起到防护堤坝的作用。

中国历代一直重视天文、气象观测[5, 20]。秦朝律法中有关于上报水灾的内容，要求将各地上报水灾和受灾情况作为法令严格执行，汉朝也沿袭了这项制度。宋代建立更为完善的"报汛"制度，明朝将其改善成为"黄河飞马"报汛制度。清代除沿袭报汛制度外，还建立了用羊皮筏传递汛情的"羊报"制度，并有粮价奏报制度和晴雨录。其中较为有趣的是我国最早的"水文监测站"——白鹤梁。白鹤梁位于重庆涪陵，是长江中的一道天然石梁，常年没于水中，只在水位较低时才部分露出水面。因而古人根据白鹤梁露出水面的高度位置确定长江的枯水水位，并刻"石鱼"作为水文标志[21, 22]。这种简单却实用的发明，正体现出劳动人民朴实的智慧和创造力。

本章小结

中国古代历史资料中保存灾难资料，在当时服务于王朝政治，在当下则可用于定性、定量分析，揭示历史时期我国自然灾害、战争灾难的特点与规律及其与社会的关联。现代社会对于地震和气象的史料整理最为丰富，此外，还有各地区的灾害年表和资料分类整理。在不同的自然和社会条件下，各时期的主要灾害也略有差异，但不外乎旱灾、水灾、虫灾、地震、火灾、瘟疫、风雹几类。更不可忽略的是贯穿历朝历代的战争灾难。针对灾难，中国自古有相应的祭祀和礼仪，也有兴修水利、植树造林等工程手段。

参考文献

［1］夏明方. 大数据与生态史：信息化时代中国灾害史料整理与数据库建设
［C］. 第十一届中国灾害史年会暨"灾害史的理论与方法"学术研讨会
论文集，2014，55–69.

［2］李伟，杨世瑜. 旅游地质文化论纲［M］. 北京：冶金工业出版社，2008.

［3］张德二，蒋光美. 中国三千年气象记录总集［M］. 南京：江苏教育出
版社，2004.

［4］宋正海. 中国古代重大自然灾害和异常年表总集［M］. 广州：广东教
育出版社，1992.

［5］赫治清. 中国古代灾害史研究［M］. 北京：中国社会科学出版社，2007.

［6］李珍梅. 同朔地区桑干河流域的水利发展探究［J］. 史志学刊，2017，1，
37–41.

［7］张霖. 明代山东蝗灾研究［D］. 硕士论文，西安：西北师范大学，2013.

［8］张剑光，邹国慰. 略论两汉疫情的特点和救灾措施［J］. 复印报刊资料
（先秦、秦汉史），1999，6，83–89.

［9］邱云飞. 两宋瘟疫灾害考述［J］. 医学与哲学，2007，11，102–105.

［10］白建方. 认识地震［M］. 北京：中国铁道出版社，2010.

［11］刘仰东，夏明方. 灾荒史话［M］. 北京：社会科学文献出版社，2000.

［12］李向军. 试论中国古代荒政的产生与发展历程［J］. 中国社会经济史研
究，1994，2，7–12，18.

［13］宫大伟. 论清朝的荒政制度［D］. 硕士论文，济南：山东大学，2009.

［14］高莹. 秦汉魏晋时期荒政思想研究［D］. 硕士论文，太原：山西财经
大学，2009.

［15］邵永忠. 二十世纪以来荒政史研究综述［J］. 中国史研究动态，2004，3，

2-10.

［16］周非. 中国神话的文化密码［M］. 合肥：安徽文艺出版社，2011.

［17］徐洪兴. 中国古代签占［M］. 北京：九州出版社，2008.

［18］夏国治，程裕淇，边知非. 当代中国的地质事业［M］. 北京：中国社
　　　会科学出版社，1990.

［19］肖东发，衡孝芬. 水利古貌：古代水利工程与遗迹［M］. 北京：现代
　　　出版社，2015.

［20］余志和. 称谓通鉴［M］. 北京：世界知识出版社，2010.

［21］李继业. 洪水设计与防洪减灾［M］. 北京：化学工业出版社，2013.

［22］孟昭华. 中国灾荒史记［M］. 北京：中国社会出版社，1999.

第四章 | 灾难的文艺书写

　　灾难给人们的生活带来重大改变，在人们的心灵中留下了累累创痕。因此，人们会用文艺的方式书写灾难，记录与灾难相关的经历和情感。我国的小说、诗歌、散文、电影等各类型作品中都有灾难的身影出现，其中尤以小说较为集中。文学中的灾难描述包括水灾、旱灾、地震、瘟疫、蝗灾、风暴等，水旱灾害和地震灾害是其中最常提及的素材。文艺工作者对灾难的审视视角自由多元，灾难书写的主题和艺术风格也丰富多样。

第一节　诗歌与灾难意象

　　文学的基础是语言。语言的重要性，最早可见于巴别塔的故事。人类学之父泰勒认为，在前历史时期中，发生了人类在地球上的初次扩散和大种族的发展，产生了语言，确定了大的语系，文化发展到古代世界东方民族的水平。从中不难看出语言在人类文化体系中的重要地位。语言不仅是人类文化的产物，更体现出针对群体的凝聚力，有规范人类行为边界、统一或区别人类群体的效应，这种效应可称之为"巴别塔效应"。

　　巴别塔效应并不仅仅存在于不同国家语言之间，各地方言中亦有体现。

方言作为同一种语言的变异，是国家的文化载体与文化标识。在我国这种幅员辽阔、地域差异较大的国家可见这种效应，在面积并不大的国家也常能见到类似的实例。关西和关东作为日本惯用的地域划分，两地语言习惯乃至生活风俗就有着较大差异。关西的大阪等地居民，仍以粗犷、自来熟的关西作风为荣，这一特点往往能反映在关西腔中。与此相对，受新文明洗礼过的关东语言与明治维新之后穿洋服的日本人一样，彬彬有礼但略显疏离。关东日语被官方定为标准日本语，而保留较多古语腔调的关西则似乎并不买账。两种方言相对时，常有秀才遇上兵之感。大阪人认为东京人装腔作势，东京人认为大阪人聒噪小气，即使同属关西的大阪和京都也常常互看不顺眼，"地图炮"打得不亦乐乎。在这里并不深挖日语的历史演变与地域分化，只是作为实例说明，巴别塔效应体现出的语言作为群体最重要的显著特征，对于群体的协调维系和个体对群体在态度、情感、认知等心理方面的趋同起到促进推动作用。语言体现社会关系和社会结构，语言认同是产生社会认同、文化认同的前提。由此，地域或一般群体成员使用的独特言语和表达方式，或者是对群体有特殊意义的语言交流，推动了群体的独特文化的形成，有助于个体对所属群体产生偏好。

组成诗歌的是以语言为基础的节奏和韵律，更是意向和情感。有关灾难的诗歌所表达的情感是极其丰富的。诗人们书写的不仅是灾后应急的事实，更是人性的觉醒。民国时期，傅东岱的《灾后》、杨骚的《乡曲》、丽波的《难民底歌》、王兆瑞的《自伙儿的告语》都反映了人们的心声[1, 4]。《灾后》描写在旱灾发生后，人们逃荒到城市，而城市中也满是失业的人。无论何时何地，人们都处在日益艰难的生存处境中，于是人们意识到，自己所遭受的不幸，不仅是天灾，也是人祸。有人吃饱享福，有人穷困饿死，人们终于意识到了社会平等、反抗压迫的重要性。与之相似的，在丽波的《难民底歌》中，作者描写了灾荒过后，租税不减，人们忍受着自然与社会的双重压迫，逐渐开始觉醒，最终踏上了抗争的道路。诗歌中，激情昂扬地写道：

> 去吧
> 我们再不受你们的欺骗与诱引
> 早已看破你们只不过是豺狼一群
> 尽管去夸耀你们那大刀长枪与毒弹之威淫
> 来吧
> 我们只有这一颗暴跳的心

除了普通人外，在灾荒的影响下，连乞丐也意识到了抗争的重要性。刘如水在《求乞者》中描写了由于天灾，没人愿意再给乞丐施舍，乞丐终于明白了人生的残忍，决定依靠自己的力量生活，不再乞食[4]。

> 只有力可使自己生活
> 我不能再躺卧在街边发出无力的呻吟
> 同类相爱
> 完全是说谎者的高歌
> 虽仅余一口气息
> 决要作雷声般吆喝
> 谁甘心就这样过

自然灾害与人因灾难是相通的，自然的惨境常使人们联想到危亡的时刻，这使得灾难的文学书写转变为"民族救亡"的行动[4]。在描写干旱、洪涝、冰雪、地震等各种自然灾害的诗歌中，都会频频出现家国、家园、国难等字眼，已然将有关灾难的集体体验上升到了对国家民族的热爱。汤养宗在《瓦砾中的中国》中写道：

> 2008年5月12日14时28分04秒
> 中国一震

我的祖国被压在自己的瓦砾中

许多花朵突然被白云带走

天开始下雨

……

瓦砾中的中国正在站起来

她依然是一道巍峨的风景线

她对所有死去和活着的儿女说

一定要记住

妈妈爱你

我们有一个永不会塌陷的家

名字叫中国

沈浩波在《川北残篇》中描写了灾难中自我与他人的关联、人民与国家的关系：

我当然热爱这个国度

因为这里有我的同胞

他们使我不孤单

每天都能和同类在一起

像他们一样美好和污秽

当同胞的血

涂抹在我心上

我惟有蘸血写诗

　　与灾难相关的诗歌往往用深切的文字反映了对生命的热爱。这不仅是人道主义精神，也是中华民族普世情怀的反映[5]。2008 年汶川地震后，我国形成了全民感灾、全民致意的灾难文化，这是人们生命意识的觉醒，是社会进步的体现。随着信息的公开透明，人的生命权被赋予了至高无上的地位。国家设立国难日降旗哀悼死难同胞，一方面表现了国家对自己国民的尊重，另一方面也折射出敬畏个体生命的理念。作家们不再将受灾群众视为冷冰冰的统计数字，而是将其还原为了有血有肉的个体，从而深刻地感受其伤痛与悲哀。王家新在《人民》中写道：

> 山崩地裂之后
> "人民"就不再是抽象的了
> 人民就是那些被压在最下面的人
> 就是那些在地狱的边缘上惊慌逃难的人
> 人民
> 就是那个听到求救声
> 却怎么挖也挖不出来的人
> 就是那些不会演讲
> 只会喊老天爷的人
> 就是那些连喊也没有喊出口
> 就和他们的牲口一起
> 被活活埋在泥石流中的人
> 人民
> 人民就是那些从来不会写诗
> 但却一直在杜甫的诗中吞声哭的人

再如，俞强的《废墟上的书包》描写了学校坍塌事件，体现了对幼小的个体生命的尊重和关爱[6]。

> 面对一排排整齐叠放的书包
> 我的泪流下来了

在废墟前

五颜六色

像一簇开得触目惊心的花苞

仿佛刚刚各自与家人告别

配合着顽皮的蹦跳

被翻过的书页里还夹着童音与小手的热气

铅笔盒传来轻微的声息

收藏了父母的叮咛

老师有些沙哑的声音

现在它们炫目地被放在这里

软绵绵的体积里

仿佛还保留着童真的形象与体温

一个人生之初的梦

　　具有深度的灾难诗歌，不仅痛惜生命的陨灭、颂扬生命的价值，还探寻着生存与死亡的文学主题。这些深广的人类思想，已超越了现实，展现艺术的光辉。悲痛着，坚强着，这些用生命造就的诗句，展现着"生命的眼泪、死亡的狰狞、动荡的自然、废墟中的呐喊、民族的伟大、大爱的播撒、人性的光辉、逝者的悲壮、生者的斗争、灵魂的升华、生命的荣誉、悲悯的情怀、人类的情操"[7，8]。这种艺术，使人在不知不觉中和人类的命运相联系，把人们从宁静安乐的环境中拉出来，让人们在诗人所记叙的一切困厄横逆之中甘苦与共，更让人们认识到了自身平素的狭隘自私，让人们日常生活的庸俗和鄙陋一扫而光。这些诗歌，拷问着人性的伦理，严峻地审视着人性和人生。朵渔的《今夜，写诗是轻浮的》写道：

今夜

我必定也是

　　　　轻浮的

　　　　当我写下

　　　　悲伤

　　　　眼泪

　　　　尸体

　　　　血

　　　　却写不出

　　　　巨石

　　　　大地

　　　　团结和暴怒

　　　　当我写下语言

　　　　却写不出深深的沉默

　　　　今夜

　　　　人类的沉痛里

　　　　有轻浮的泪

　　　　悲哀中有轻浮的甜

　　　　今夜

　　　　天下写诗的人是轻浮的

　　　　轻浮如刽子手

　　　　轻浮如刀笔吏

　　此外，诗人否定灾难诗歌的创作态度颇为普遍。谢宜兴曾在诗歌中表示，地震之后的创作是"无病呻吟"，无以改变现实或减轻苦难。这种诗歌使自己也成了"可耻的人"[9]。

　　　　汶川地震之后

　　　　写诗是多余的

诗歌有了从来没有的轻和无辜的愧疚

面对废墟的抒情是可耻的

哪怕挽歌或颂辞都显得浅薄和轻浮

这一刻

当我写下这些分行的文字

我知道

今夜又多了一个可耻的人

但是上帝啊

我心中也感到山崩地裂的痛

请你原谅一个心痛者的无病呻吟

这场地震还在我们每个人心中留下一个

堰塞湖

诗歌只是个人的导流渠

第二节　小说与灾难情节

　　语言是人类文化中最具影响力的特征之一。人类社会中最具渗透力的人际互动形式是说和听。而方言作为具有相同的地域特点和文化特点的个体所共有的语言，其某些特征更是将个体塑造成带有某种特定类型形象的人，在人际互动中可以让个体对所属的群体保持高度的认同，并形成其他群体的人对自己的"第一印象"。语言与地域归属感息息相关，上一节提到的巴别塔效应体现了这种魔力，同时也提供了建立归属感的途径。个体在社会化的过程中，除了要寻求自己的与众不同之处，总是需要获得他人的认同，如此才能满足归属感的需要。融入当地语境，在语言上实现再社会化，不失为一种适应新环境的有效方法。众多与灾难相关的小说，设置了各种各样的灾难情节，就是一种文化认同的体现。

一、《黄河东流去》

1931 年，"九一八事变"爆发，东北沦陷。1937 年，"卢沟桥事变"爆发，华北告急。1938 年，日军攻陷徐州，郑州危急。值此生死存亡之际，作为国民党军队最高指挥官的蒋介石急需一个战略措施扭转当时的不利局面。此时，一个计划不断被其手下提及，那就是以水代兵。具体来讲，就是掘开黄河堤防，用滔滔河水阻挡日军正锐的兵锋。最终，为了直接阻挡日军对交通要冲郑州的进犯，蒋介石命令属下在郑州附近寻找合适位置，扒开堤防。直接执行命令的人先是选择了中牟境内的赵口，但在尝试后发现河道泥沙淤积，无法达到预计效果，之后他选取了距离郑州 14 公里外的黄河花园口渡口。最终，滔天河水一泻千里，在一定时间内阻挡了日军的进犯。但这种水淹三军的妙计虽然可称得上是军事史上的典型作战案例，但对于普通国人而言，却无疑是大灾变。据河南省档案馆的记载，花园口决堤导致死亡人数为 89 万人，受灾人口高达 1200 万人。花园口决堤事件给黄河下游的河南、安徽和江苏等地百姓带来了深重的灾难，淹没耕地 1200 余万亩，形成了穿越豫皖苏三省 44 个县的广阔黄泛区。

李準创作的长篇小说《黄河东流去》描述的就是在此天灾人祸背景下，花园口决堤造成的流民在环境恶劣、战乱频仍的旧社会如何活下去的故事[10]。作品开篇以《黄河》和《花园口》两个章节奠定了整个故事的背景和基础。在随后的描述中，作者没有将对象放在整个国家或民族大义的层面，仅仅将目标锁定在一个村子的几个普通农民身上，以小见大。小说以赤阳岗村的李麦、王跑、蓝五等 7 个家庭的主要成员的流亡逃荒经历为叙事线索，形象地描绘了赤阳岗村难民在洪灾中背井离乡，历经最为艰苦的岁月，完成了从失去家园到重建家园的血泪史、抗争史和奋斗史。

二、《白鹿原》

和《黄河东流去》不同，陈忠实在《白鹿原》中对灾难的描述只是将其作为一种境遇，一种将小说的叙事推向高潮的工具[11]。因此，要完全了解灾难与这部作品的关系，就要从头说起。这一时期很多小说家对故事的描述都来源于生活。和其他时期的小说家为了作品体验生活不同，这一时代的作家在其创作之前就已经有了很深厚的生活积累，而故事发生的地方也大多有自己曾经生活过的地方的影子。只有这样的语言和文字，才会深刻和妥帖，才会不显刻意和浮夸，比如李準，比如莫言，就算是《红楼梦》的作者曹雪芹也是将自己的生活带入了作品之中。而这种风格在陈忠实的《白鹿原》中表现得尤为明显。

"白鹿原"，从字面上有两层含义：其一是这片土地上生活着白家和鹿家两个家族，这两个家族的恩怨情仇也是小说的主线；其二是这部作品的空间设定为白鹿村，其得名则是因为传说地下埋着神奇的白鹿。小说开篇交待主人公连续死了八房老婆，而且子嗣全部早夭，通过将祖坟迁至据说埋有白鹿的地方，这一"诅咒"才停止。小说和灾难相关的内容被现代评论家称为全书最出色的部分。书中其他章节中描述的是人与人之间的关系，而这十章则将大自然的作用囊括其中，将自然灾害对整个人类社会产生的影响描写得淋漓尽致。特别是主人公在面对村民们要求为死去的小娥建祠堂以平息瘟疫时的强硬态度，不仅是对人物内心活动的阐述，更是对人在自然，特别是灾难面前的反应所做的一个深入解读。

这就不得不提到小说中的一个关键人物——田小娥。这个人是作品中最矛盾、也是塑造得最成功的人物，她不仅有人性中最淳朴的善良，更有人性中最本质的欲望。她和白鹿村数个男人有染，且周旋在两大家族之间，但其本性的善良也闪耀着光辉，其对自由和爱情的向往也是这一时代小说家都会涉及的心理领域。最终，反抗过也放纵过的田小娥没能逃过传统礼教的束缚，死在自己的公公鹿三手下。田小娥的死不仅将小说情节推向另一个高潮，也在时间线上引入了自然的力量——瘟疫。这场瘟疫在陈忠实的描述中来势汹汹，感染的人上吐下泻，半天的光景就不行了。在对瘟疫束手无策之时，村民们又一次将视线对准田小娥，但此时不再是唾弃、咒骂和侮辱，而是垂首、祈求和恐惧。他们认为，这场瘟疫是田小娥的冤魂带来的诅咒，因此向身为族长的主人公请求为其立祠。但是就算是面对如此致命的灾难，主人公依然坚决否定了这一提议。参考当时的时代背景，不得不说，这是作者借灾难之手，对自由思想和封建礼教之间矛盾的深刻反思。

三、《红高粱》

《红高粱》的作者莫言是一个以乡土文学和寻根主题见长的小说家，由于早年的生活和曲折坎坷的经历，他的很多作品都展示出深刻的人性。这部作品也是一部以小见大的典范[12]。莫言以"我"的第一人称视角将读者带入到"他爷爷"和"他奶奶"的恩怨情仇之中，刻画了20世纪三四十年代的那个乱世，以余占鳌、戴凤莲为代表的高密东北乡民众如何在艰苦动荡的局势下求生，不仅没有困苦和压抑，反而显得酣畅淋漓。人性的刻画体现在对人物的塑造上，以主人公余占鳌最为明显。余占鳌不仅是抗日的英雄，也是凶残的土匪。他一辈子杀人无数，不仅杀死了与自己母亲通奸的和尚，在看上戴凤莲后，又义无反顾地杀死了将戴凤莲纳为小妾的单氏父子。在面对民族大义时，他又是民族英雄，带领民间抗日武装和侵入家园的日军不断周旋。这些人性的背后就存在着灾难的影子。在这部作品中，作者并没有将某种或某个灾难进行描述，而是将这种本源的东西通过一件件事情和一个个人物形象的塑造，清晰地展现在读者面前。在那个乱世，人们面对战乱和天灾，过着朝不保夕的日子，形成了漠视生命的习惯。不仅是对别人生命的漠视，更是对自己生命的漠视。这一点在小说的最后，戴凤莲将日军引入高粱地后焚烧高粱与日军同归于尽的一幕中展现得尤为明显，这也是小说人物的生命绝唱。其实，了解主人公在面对乱世时那种洒脱不羁的心态，读者们就不会对这一普通农村女性做出这样的牺牲和壮举而感到奇怪。读者们在阅读文字的同时，感受到小说人物对事态的回应，感受到了各个人物在灾难下所应该形成的心理态度，这就是人性。小说结尾，在处理戴凤莲这个人物的结局上，莫言用高粱地里通红的天火回应了读者对于灾难导致人们思维形态形成的认知，也回应了开头她和余占鳌在高粱地里的野合，回应了戴凤莲单氏高粱酒坊老板娘的身份。莫言用灾难对人物心理的渗透作用，在作品伊始就埋下这悲壮一幕的伏笔。

四、《蛙》

《蛙》这一作品同样是莫言以第一人称"我"的视角展开，主人公是"我的姑姑"万心，"姑姑"是"大爷爷"的女儿，"大爷爷"是八路军的军医[13]。"姑姑"继承衣钵，进修后开始在乡村推行新法接生，很快取代了接生婆在人们心中的地位，用新法接生了一个又一个婴儿。姑姑一面行医，一面带领自己的徒弟们执行着严酷的计划生育政策。这一作品的时间背景跨越 30 余年，从 20 世纪 50 年代的国家鼓励生育到 20 世纪 80 年代的计划生育，"姑姑"的角色也历经了从受人敬仰、充满喜悦到被人厌恶、充满矛盾。

作品对于人性的深入描述自不必说，作者还通过自己的经历细致地描述了中国妇产科学由接生婆到专业产科医生的发展历程。同时，作者还描述了国家从由于自然灾害导致人口减少而鼓励生育，到社会经济发展后迅速转变为计划生育的社会演变。不仅描述了从基层的农民、医生到政府在面对灾难时的态度和反应，更通过书写计划生育政策落实过程中的种种问题给人们带来的困扰，以及面对这场人性考验时人们的生动反应，体现了作者对生命繁衍的敬畏和膜拜。

在作者看来，再大的天灾都没有人的过失来得痛彻心扉和触目惊心。前期，处在困难时期的人们虽然物质条件差，但是具有高度的人格魅力和乐观精神，在新生命诞生之时充满喜悦；后期，人们的物质生活水平虽然得到提高，但是计划生育政策落实中的各种不当做法，揭示出人们失去了对生命繁衍的敬畏。这部作品还有一个特殊之处，就是它并不是传统的章节体，而是由四封书信和一个剧本五部分构成。作者通过书信这一载体，借主人公万心之口对其在计划生育落实过程中的错误做法进行了忏悔，也对其在两个阶段的心灵世界进行了深入描述和对比，从某种程度上也是人类在面对人为祸乱时的人性告白。

五、《丰乳肥臀》

莫言的这部作品始终伴随着争议，最突出的问题也非常明了，就是这部作品的名字。如果仅仅是这四个字，可以说是极尽艳俗和低级之感。但事实上，这四个字却也简练地描绘出了传统的中国母亲的形象。由于女性身体特殊的生理结构，在妊娠后体态会明显臃肿，哺乳期的到来也会使女性出现"丰乳"的特点。莫言在卷首语中的"献给母亲的在天之灵"，也表明了他对母性光辉的崇拜和向往[14]。在更深层次的解读中，"肥臀"是人类生命的来源，以诞生下一代；"丰乳"是乳汁的来源，以哺育下一代。这一作品的主人公就是这样一位母亲，一位有着"丰乳肥臀"的中国传统母亲。仅就母亲这个角色而言，这一主人公不可谓不伟大，也不可谓不光辉。母亲被莫言取名上官鲁氏，她的丈夫姓上官，而她自己姓鲁，典型的旧社会已婚女性名字构成。母亲的一生中，一共哺育了九个子女，前八个都是女孩，分别取名为来弟、招弟、领弟、想弟、盼弟、念弟、求弟和玉女。作者通过八个女儿的名字将中国传统文化中重男轻女的思想讽刺了一把，最后一个是男孩，名叫金童，与幺妹玉女是龙凤胎。这位母亲用自己的"丰乳"将这一个个儿女都养大成人，不可谓不伟大。但是在这个主人公身上却充满矛盾——这九个孩子都不是上官鲁氏丈夫的子嗣，因为他没有生育能力，更让人咂舌的是，这几个孩子的亲生父亲甚至都各不相同。

这部作品所处的时代是 20 世纪上半叶，近代以来中国最为混乱和充满苦难的时期。作者也通过主人公讲述如何借由各种手段在这个充满灾荒、瘟疫、战乱的年代卑微却坚韧地活下去，并将一个个儿女养大成人。其中，战乱是主人公一家面临的最为严重的灾祸。小说以幺弟金童为第一视角，对以母亲为中心的各个家庭成员都展开了细致的描述，而除了"我"和寿终正寝的母亲之外，其余主要人物的结局几乎都是横死。因此，作者在讴歌和缅怀母亲的同时，也为大家呈现出了人们面对灾祸时的无奈与无助。

六、《李自成》

李自成是我国明末清初的农民起义军领袖，他的一生可以说是波澜壮阔。姚雪垠以李自成作为起义军领袖的人生经历为主线，运用另类视角展示了明末清初几十年间的历史画卷[15]。其中对与李自成相关的如出兵商洛、水淹开封、登基称帝、命丧九宫等各个历史事件进行了适当的演绎和描绘。与一般历史著作不同，作者借由小说体文学的特殊性，在刻画主要历史人物的同时，还对其身边的琐事、感情生活进行了细致的揣测和描绘，并深入描写了那些被历史遗忘的普通人。

作者没有采用背景描绘的方法将灾难引入，而是直接将其当作书写的对象，其中对李自成水淹开封的始末进行了最为详尽的描述。作者使用轻松的笔触描写了开挖泄洪道时的场景，如将士们在操练工作之余洗澡调侃等，这样轻松的气氛与之后毁坝放水时战略成功的喜悦与殃及人民的惨状产生了强烈的对比和碰撞，使得人们在感叹洪水无情之时，也对"一将功成万骨枯"产生了更深层次的理解。这些枯骨不仅包括敌人的，而且也包括自己人的，更多的却是那些无辜的普通百姓。

作者对这一事件的描述不乏对战争本身的斥责和抨击。对老百姓而言，战争的胜败无关紧要，而战争所带来的混乱、瘟疫等灾难却能造成最悲惨的痛苦。另外，在塑造李自成的人物性格特点时，作者也使用了灾难这一要素，衬托李自成的言出必践和一诺千金。在一次兵败后，李自成部下仅剩下几千人，为了之后能够推翻明朝政府，李自成亲自去说服张献忠重新共举义旗。起义前，李自成的驻地商洛山爆发了严重的瘟疫。在这种状况下，他为了不失信于天下人，如期进行起义，最终一路所向披靡，顺利攻克北京。这一部分以灾难的爆发，完成了对李自成的品性塑造。李自成的"不失信于天下人"并非来自于主观的人言，而是被客观的自然条件衬托出来的，来自于真实的灾难。

七、《三国演义》

作为我国的"四大名著"之一，《三国演义》的地位是其他同类文学作品不可撼动的。与作为正史传世的《三国志》不同，罗贯中从刘备这个卖草鞋的"中山靖王之后"入手，通过桃园三结义、三顾茅庐、赤壁之战等我们耳熟能详的历史事件，将我们一步步带入东汉末年那个群雄割据、英雄辈出的乱世[16]，展示了一个个鲜活的人物形象、一场场惊心动魄的战争、一次次机关算尽的权谋。在这部作品中，对灾难本身似乎并没有过多的触及。罗贯中的目的是将东汉末年魏蜀吴三国之间的明争暗斗展现给大家，通过对各种战争场面的描绘和演绎，以及对人物的刻画为大家呈现淋漓尽致的战争艺术。

虽说如此，但换个视角去审视，战争的胜败却只是针对那些以天下为棋盘对弈的历史人物而言的；对于普通人来说，无论胜败，战争带来的都是灾难。比如著名的水淹七军，再如惨烈的火烧博望坡。小说中，前者的始作俑者是如今被尊为武圣的关羽。关羽是小说塑造得最成功的人物之一，不仅武艺高强，能够"温酒斩华雄"，而且义薄云天。在被曹操所把持的汉室封为汉寿亭侯之后，依然不为所动，挂印封金，得到结义哥哥刘备的消息后义无反顾寻了过去，也就是著名的"过五关，斩六将"的故事。对敌作战时，他又有着一定程度上的狠绝。建安二十四年七月，关羽率兵攻打樊城，曹操派遣大将于禁、庞德救援。适逢天降大雨，汉江襄河段水位暴涨，于禁、庞德被困其中。关羽综合战场局势和地理状况，又参看秋雨连绵的天候情况后，命令手下将襄河各处河口封堵，待水发时水淹敌军。果然，风雨大作，于禁军队果然大乱，关羽及众将皆摇旗鼓噪，乘大船趁势而下大败敌军。

不得不说，处在不同位置的人，面对灾难的感受是不尽相同的。对于传统地主阶级文人而言，如罗贯中、蒲松龄等，他们更多的是饱含着一种浪漫主义情怀，将一桩桩战乱灾祸表述为艺术。而若是作者历经生活的跌宕坎坷，特别是经历过灾难的洗礼，那么就算书写的是艺术，其中也会饱含着鲜血和热泪，充满对灾难的恐惧和对大自然的敬畏。

第三节　其他题材的灾难记录

除了诗歌和小说外，报告文学、电影、歌曲也是反映灾难文化的载体，保留了大量有关灾难的记录。

一、报告文学

报告文学是一种介于新闻报道和小说散文之间的文学体裁。报告文学运用文学的艺术，描绘真实的社会事件和人物。有关灾难的报告文学是对真实灾难事件的描写，又兼具文学性和艺术性，可读性较强。钱钢的《唐山大地震》就是一例。

《唐山大地震》是描述 1976 年唐山大地震的报告文学作品[17]。唐山大地震影响巨大，造成了约 24 万人死亡，16 万人重伤，直接经济损失在 100 亿元以上，整个唐山在一夜之间被夷为平地。钱钢曾参加过唐山大地震的抗震救灾活动，亲眼目睹了唐山大地震所带来的巨大破坏。通过追踪访谈、分析整理，《唐山大地震》一书以真挚的感情和简洁的笔法，记录了人们面对自然灾害时的表现，反思了现代社会人与自然的关系。

陈启文的长篇报告文学《南方冰雪报告》，真实地记录了 2008 年中国南方暴雪的全过程[18]。陈启文深入采访了身处雪灾现场的受灾群众和救灾人员，以交叉重现式的结构展现了冰雪灾难的实况。《南方冰雪报告》有着深厚的文学气息，又不失逼真的现场描写，塑造了一系列鲜活的人物形象和生活的场景情节，感人至深。

二、《唐山大地震》

电影《唐山大地震》根据张翎的小说《余震》改编，由冯小刚执导，徐帆、张静初、李晨、陈道明、陆毅、陈瑾等联合出演。电影讲述了在 1976 年发生在中国唐山的 7.8 级大地震中，一位失去丈夫的母亲只能选择救一双儿女中的一个。母亲选择救了弟弟，但姐姐也奇迹生还。姐姐后被解放军收养，32 年后家人意外重逢，发生了一系列的事件。《唐山大地震》是一部灾难片，也是一部亲情片。在唐山大地震灾难发生的 23 秒间，面对着只能救儿女一人的境地，一位年轻的母亲，将如何抉择？这是这部电影留给人性的一个难题。当女儿听见母亲无助而绝望地喊出"救弟弟"几个字时，呢喃着喊出最后一句"妈妈"，令人肝肠寸断。23 秒的地震灾难，使得一个家庭生离死别 32 年。面对灾难，活下来只是故事的开始。

地震救援中的优先顺序和伦理道德，是突发事件处置过程中讨论较为激烈的问题。我国《国家突发公共事件医疗卫生救援应急预案》要求救援人员按照国际统一标准对伤病员进行检伤分类，并用蓝、黄、红、黑四种颜色标识轻、重、危重伤病员和死亡人员[19]。通常情况下，救援现场应遵循的救治顺序分为第一优先、第二优先、延迟处理和最后处理。生命体征极不稳定的危重伤员为第一优先人群，有潜在生命危险的重伤员为第二优先人群，对于无生命危险的轻伤员则延迟处理，最后处理遇难者遗体[20]。

公正、公平、秩序、效率、利益、创新是管理机制设计的六个基本目标，也是地震救援取得良好效果的手段和途径。公正作为管理机制的目标，既是评价标准，也是决策过程和价值分配的状态。公正具有主观性，只能通过参与者进行定性评价，会受到社会价值观念、文化背景的影响，会随着时间、地点的不同而有所变化。例如在汶川地震救援中，舍己为人、互帮互助的精神被广为传颂，给予了高尚的人道主义精神公正、诚挚的肯定。公平是各参与者所得与应得相符。公平以保证人的基本权利为准则，对社会成员之间各种权利的分配是否合理进行评价。在处置地震的过程中，人的生命权益具有至高无上的地位。在汶川地震救灾过程中，无论男女老幼，都应予以公平施救。人情温暖通过地震救援的公平性得以突出和彰显。

秩序是指有条理、有组织地安排各个组成部分，以求达到整体正常运转良好的外观状态。我国的地震救援，通常由中央统一部署，人民解放军、武警部队、救援队、医疗队根据规划陆续赶往灾区，在较短时间内保障灾区的人力、物力资源。效率是投入和产出之间的比率。"投入"包括人力、物力、财力、精力、时间，"产出"是行为所带来的结果。效率在地震救援中显得尤为重要。在地震中，我国应急指挥部门反复提出不惜一切代价开展应急救援、保护人民生命安全。这并不是忽视效率的体现，反而是强调在有限的时间和困难的情况下，最大限度实现救援效率。

利益是指可量化的收益，是人们需求的直接表现。在地震救援中，不惜一切代价挽救生命是不变的口号。创新是指以现有的思维模式提出有别于常规或常人思路的见解为导向，利用现有的知识和物质，在特定的环境中，本着理想化需要或为满足社会需求，而改进或创造新的事物、方法、元素、路径、环境，并能获得一定有益效果的行为。我国现已设置全国防灾减灾日，加强人道主义关怀，营造哀悼纪念氛围，以创新的形式将地震所带来的灾难转化为推进民族团结、社会和谐的契机。

三、《太平轮》

吴宇森执导的《太平轮》分为两部分，以"太平轮"为主线，讲述了将军雷义方、护士于真、医生严泽坤从抗日战争到解放战争的爱情故事。1945 年夏天，雷义方率领军队在平原战场击败了日本军队。国民党军队通讯员佟大庆俘获了台湾军医严泽坤。日本投降后，雷义方回到上海，遇到了富家女周蕴芬。他们一见钟情，很快就结婚了。内战爆发后，严泽坤回到台湾，发现他曾经的恋人雅子已被遣返回日本。佟大庆爱上了潜伏于市井的护士于真，展开了一段艰辛的爱情故事。在战争的逼迫下，每个人都想登上太平轮，离开上海去台湾。一艘船成为人们最后的希望。然而，太平轮沉没了，有上千人在海上丧生。这对影片中的所有人来说都是一场改变人生的灾难。

这部电影是根据太平轮沉没的真实故事改编的。太平轮是一艘豪华客船，在国共两党内战后期，大量的难民渴望逃离大陆。这些人靠金钱和关系登上了太平轮。1949 农历除夕的前一天，太平轮满载人员和货物，从上海启航，开往基隆。太平轮为了躲避宵禁，在晚上航行时关闭了航行灯。而由于接近除夕，船员大多沉浸在欢乐的气氛中，疏于监管。启航当晚 11 时左右，太平轮因与货轮"建元轮"相撞而沉没。事故共造成近千人遇难，仅有少数人被救起。

电影《太平轮》将事故灾难和战争灾难相结合，展现了灾难造成人们失去爱情与生命的双重重压。影片中，一面是人们因为灾难而惶恐和惊惧，另一面是人们因为生死别离而眷恋和相依。《太平轮》的推广曲《假如爱有天意》，更是从爱情的角度，以温柔似水的语句，表达了灾难带来的悲惋。

> 当天边那颗星出现
>
> 你可知我又开始想念
>
> 有多少爱恋只能遥遥相望
>
> 就像月光洒向海面
>
> 年少的我们曾以为
>
> 相爱的人就能到永远
>
> 当我们相信情到深处在一起
>
> 听不见风中的叹息
>
> 谁知道爱是什么
>
> 短暂的相遇却念念不忘
>
> 用尽一生的时间

竟学不会遗忘

如今我们已天各一方

生活得像周围人一样

眼前人给我最信任的依赖

但愿你被温柔对待

多少恍惚的时候

仿佛看见你在人海川流

隐约中你已浮现

一转眼又不见

短暂的相遇却念念不忘

多少恍惚的时候

仿佛看见你在人海川流

隐约中你已浮现

一转眼又不见

当天边那颗星出现

你可知我又开始想念

有多少爱恋今生无处安放

冥冥中什么已改变

月光如春风拂面

四、歌曲

歌曲是灾难文化的重要表现形式。歌曲的创作者在灾难的影响下发自心声地演绎了歌曲，并在庞大的受众中广泛流传，甚至经久不衰。上文所提到的《假如爱有天意》就是一例。很多与灾难相关的歌曲，背后都有一个感人至深的故事。例如歌曲《天亮了》，以一个幸存孩子的口吻，反映了一起游乐场所缆车事故给人们带来的伤痛。

那是一个秋天风儿那么缠绵

让我想起他们那双无助的眼

就在那美丽风景相伴的地方

我听到一声巨响震彻山谷

就是那个秋天再看不到爸爸的脸

他用他的双肩托起我重生的起点

黑暗中泪水沾满了双眼

不要离开不要伤害

我看到爸爸妈妈就这么走远

留下我在这陌生的人世间

不知道未来还会有什么风险

我想要紧紧抓住他的手

妈妈告诉我希望还会有

看到太阳出来

妈妈笑了

天亮了

1999 年，贵州麻岭风景区，由于游客较多，一节缆车车厢超载 35 名乘客，最终导致缆车坠落事故的发生。事故中，一对夫妇将年仅两岁的儿子高高举起。包括夫妇两人在内的 14 人在事故中丧生，而夫妇的儿子仅受轻伤。这起事故中，父母对孩子的爱震撼人心。

歌曲《上海一九四三》是以战争灾难为题材的流行歌曲。《上海一九四三》以第二次世界大战期间的上海为背景，在政府崩溃、社会混乱的情况下，人们被强制参军，军队溃败后逃至台湾，在兵荒马乱的年代里流离失所。

泛黄的春联还残留在墙上

依稀可见几个字"岁岁平安"

在我没回去过的老家米缸

爷爷用楷书写一个满

黄金葛爬满了雕花的门窗

夕阳斜斜映在斑驳的砖墙

铺着榉木板的屋内还弥漫姥姥当年酿的豆瓣酱

我对着黑白照片开始想像爸和妈当年的模样

说着一口吴侬软语的姑娘缓缓走过外滩

消失的旧时光

一九四三

在回忆的路上时间变好慢

老街坊

小弄堂

是属于那年代白墙黑瓦的淡淡的忧伤

消失的旧时光

一九四三

回头看的片段有一些风霜

老唱盘

旧皮箱

装满了明信片的铁盒里藏着一片玫瑰花瓣

本章小结

　　灾难是自然和人文现象，也是文学创作的母题。文学是人的内在情感的释放和欲念的表露，读者对照作品展现自己的内心，进而调整其与外部世界的关系。人类在生存过程中频频遭遇灾难，有感于灾难巨大的破坏力，因而不自觉地书写着灾难的话题。文学对灾难的书写有着深刻的历史累积和现实关怀,见证着人与社会、自然之间的复杂关联。灾难对人类突变性的改变作用,必将影响到人的精神世界,促使其反思自身行为。文学以自身的方式使灾难现象上升到哲学层面。关注文学中的灾难书写,既是文学对人生的内在呼应,又可借此触摸历史,进入灾难岁月中人们的心灵世界,更能就文学创作的得失乃至理论平台搭建展开探讨。

人类与灾难的较量为人们敲响了警钟,启示人们注意人与自然的和谐共存、注意营造安全的生活氛围。通过种种留存于灾难文学作品中的创伤记忆,人们能够明辨出苦难的存在和根源,分担他人的痛苦,维护灾难期间所形成的诸如以人为本、尊重人的生命价值与尊严之类的价值观念,促进人与人之间的相互了解以及人与自然的和谐发展,承担起人类应有的生态伦理责任。这就是当代灾难文学写作的意义所在。

参考文献

[1] 张堂会. 从现代文学看民国时期自然灾害下的社会变革 [J]. 晋阳学刊, 2011,3,127-130.

[2] 程贤章,温远辉. 长篇叙事诗《乡曲》的文学意义:杨骚诗歌创作论 [J]. 漳州师范学院学报(哲学社会科学版),2000,4,8-11.

[3] 杨西. 杨骚的文学创作道路(续编)[M]. 北京:华夏出版社,2008.

[4] 张堂会. 当代文学自然灾害书写的延续与新变 [J]. 广播电视大学学报(哲学社会科学版),2012,4,31-37,42.

[5] 鲁雪莉. 温情守望:文学的人道关怀 [D]. 杭州:浙江师范大学,2003.

[6] 朱立元,黎明. 大灾大爱,生命至上 [J] 社会科学研究,2011,2,8-13.

[7] 纪秀明,王卫平. 基于民族差异的我国当代生态小说主题变异研究 [J]. 湖南大学学报(社会科学版),2013,4,91-94.

［8］袁跃兴. 钓鱼岛，在书中深情地读你［J］. 社区，2011，5，59-60.

［9］孙绍振. 五四新诗与浪漫派［J］. 十月，2007，6，2-6.

［10］李準. 黄河东流去［M］. 北京：人民文学出版社，2007.

［11］陈忠实. 白鹿原［M］. 武汉：长江文艺出版社，2012.

［12］莫言. 红高粱家族［M］. 北京：人民文学出版社，2007.

［13］莫言. 蛙［M］. 上海：上海文艺出版社，2012.

［14］莫言. 丰乳肥臀［M］. 上海：上海文艺出版社，2012.

［15］姚雪垠. 李自成［M］. 北京：中国青年出版社，1977.

［16］罗贯中. 三国演义［M］. 广州：花城出版社，2016.

［17］钱钢. 唐山大地震［M］. 北京：当代中国出版社，2010.

［18］陈启文. 南方冰雪报告［M］. 长沙：湖南文艺出版社，2009.

［19］突发公共卫生事件应急指挥中心卫生应急办公室. 国家突发公共事件医疗卫生救援应急预案［EB/OL］，2018. http://www.moh.gov.cn/mohwsyjbgs/s6777/200804/31301.shtml.

［20］J. E.，Campbell. International trauma life support for emergency care providers［M］. Virginia：Pearson Education，2012.

第五章 | 九州中原

华夏文化历史悠久，自古就有"一方水土养一方人"的俗语，各异的人文和地理环境下，灾难造成的文化现象也各有不同。作为中华民族与华夏文明的发源地，河南位于中国中东部、黄河中下游，古称中原，简称"豫"。因历史上大部分位于黄河以南，故名河南。古代，河南被认为是"天地之中"，因其平原、气候等适宜生存和发展的自然优势，成为历代建都的首选，也是各朝各代争夺的宝地。随着人口集聚，河南地区不断发展，形成了独特的中原文化。四季分明、人口众多、战乱频繁等人文和自然因素，影响并造就了河南特殊的灾难文化。

第一节 流 民

河南省的灾难主要有水灾、旱灾、蝗灾、兵灾等。由于河南位于黄河的中下游平原，地势平缓，所以一遇到强降雨或极端天气就会导致江河横溢、河堤决口，造成影响十分严重的水灾。据统计，宋朝发生了232次水灾，元朝发生116次水灾，明朝发生278次水灾，清朝发生416次水灾。对河南省的灾难文化探讨应从"流"字开始。这里的"流"既是"河流"的"流"，也是"流浪"凸显在饮食中的"流食"和战乱中的"流民"。如今河南人在外地的口碑问题一直饱受议论，这源自于个别河南人在异地所表现出的恶劣行为。这些行为既不像恐怖袭击那样令人胆寒，也不像贪污受贿那样遭人唾骂，而是仅仅表现在日常琐事上。这些行为反映在心理层面就是以爱贪小便宜、思想保守和归属感缺失为代表的流民心理。流民心理没有一个普遍的定义，仅是一种四处逃难的流民所具有的一些心理特征。所以，河南人的流民心理就是其所遭受的灾难渗透到群体层面中的体现。这一部分的形成至关重要，它会对该地区人民的信仰、饮食、运动等具象文化产生直接影响。

从古至今，黄河给中原地区带来了富饶的平原，也同样带来了无数的洪涝灾害。其最具毁灭性的灾难方式是改道，而河南东部地区恰好正处于黄河频繁改道的起点，使得这里的人们上天无路，入地无门。对应洪涝的另一个极端灾难是干旱，旱灾和蝗灾影响了农作物的生长，导致发生饥荒。最早的旱灾发生在夏朝。明朝崇祯年间的一场特大旱灾，其持续时间之长、受旱范围之大，是近五百年所未见的。清朝光绪时期的旱灾，使整个富饶的中州平原化为千里赤地。民国年间有最为著名的1942年大饥荒、大旱灾。历史资料中关于"蝗"的最早记载是在《吕氏春秋》中，这说明蝗灾伴随华夏民族的历史已长达2700多年，而且可能还要持续下去。历史上蝗灾受灾最严重的区域就在河南、河北和山东。《中国昆虫学史》统计了公元前707年至公元1907年这2614年间蝗灾共发生了508次。面对大自然的无常，人们除了逃离别无选择，这也是河南人流民心理的缘起。

我国有"闯关东""走西口""下南洋"，描述的是大规模移民迁居的现象。对于河南人来说，因为灾难不得不背井离乡，四处流浪，成为"流民"。这大多是因为水旱灾害。1854年、1855年、1876年，黄河改道，直隶蝗灾，殃及河南，颗粒无收，受灾难民达到2000万人以上。1920年，华北五省出现长时间大面积的严重旱荒，灾区面积约68万平方千米，受灾共340个县，灾民达3000万人左右，死亡50万人。1928年至1930年华北、西北又遭受了旱、水、雹、虫、疫并发的巨灾，遍及陕、甘、晋、绥、冀、鲁、察、热、豫等九省，饿殍遍野，万里赤地[1, 2]。面对连年不断的自然灾害，灾民们不得不远离家乡，四处逃亡，形成大规模的向东北、西北移民的文化现象，即所谓的"闯关东""走西口"。

第二个对该地区冲击最强的灾难是战乱。河南是中华文明与中华民族的主要发源地之一，历史上先后有多个王朝建都或迁都河南。中国的八大古都河南就有四个，为中国古都数量最多、最密集的省区，这也就充分说明了河南地理位置的重要性，几乎成为每朝每代兵家必争之地。在中原大地上发生的著名战役不胜枚举，而牵扯到的城镇、人民、粮食更是一个天文数字。虽然对于君王、将领来讲，胜利彰显着荣耀和权力，但一将功成万骨枯，战争吞噬的东西远比这些政治游戏的胜负更宝贵。不同的政权带来不同的战争，人们为了躲避战乱只能频繁更换住所。在这里，河南人的流民心理被反复强化。在河南历史上，受战争影响最大的一次是在元末明初。受元政府压迫和元末战乱影响，河南、山东、河北等多地境内人烟稀少，耕地荒芜。

朱元璋统一天下后，采取了按比例移民的政策，即"四家之口留一、六家之口留二、八家之口留三"[3, 4]。公元 1370 年至公元 1417 年，明朝政府先后数次将关外之民填于关内，经办处位于现在的山西省洪洞县的大槐树村。此次移民达百万人，其时间之长、规模之大，在世界移民史上也是罕见的。这次移民为河南文化带来了较大的冲击，最直观的体现就是饮食文化。豫菜不像粤菜、浙菜那么华丽，它很朴实；也不像湘菜、川菜那样独特，它很纷杂。造成这种特征的原因正是灾难。洪灾和战乱使得当地人在菜品上难以考究，果腹即已知足。而大移民又带来了不同地方的不同风味，使其难以一言概之。

最为有名的河南小吃胡辣汤，作为河南人民最为常见的食物，可以说是一道汤品。但对于河南人来说，它更为地道的是作为日常早餐食用。胡辣汤，又名糊辣汤，起源于河南省，以周口市西华县逍遥镇的胡辣汤最为出名，是河南及陕西等周边省份的著名小吃。胡辣汤由多种天然中草药按比例配制汤料，再加入胡椒和辣椒，又用骨头汤做底料。其特点是汤味浓郁、汤色靓丽、汤汁黏稠，香辣可口，营养开胃。胡辣汤适合搭配油条、包子、葱油饼、锅盔等面点，与豆腐脑按照约一比一混合，称为"两掺"，也颇受欢迎。

相传，明代著名清官于谦曾因胡辣汤治好伤风。据说一次他过生日时，正好在郑州视察，随便找了一家小店喝了一碗热辣辣的汤，度过了生辰。但于谦深深地记住了它的美味。几年后，于谦又一次来到郑州，不巧染上伤风，病了好几天。一天晚上，于谦突然想起了小店热辣辣的汤，就派人去买。于谦吃过之后，出了一身大汗，第二天身轻体健，伤风竟然痊愈了。于谦以重金答谢了做汤的小店，并建议该汤以店主的"胡"姓命名，从此就有了"胡辣汤"。清朝以后，河南郑州卖胡辣汤的商贩猛增，但由于清朝是满人建立的，民间不敢多说"胡"字，同时此汤看上去又呈糊状，而"胡"与"糊"同音，所以胡辣汤后来又改成了糊辣汤。两种写法一直沿用至今。

胡辣汤会使人联想到汤中放了胡椒与辣椒，但正宗的胡辣汤中只用胡椒不用辣椒。"胡辣汤"的含义是各种辣味加在一起的"胡乱辣"。经过民间若干年的加工发展，在逍遥镇诞生了适合北方人口味、辣味醇郁、汤香扑鼻的胡辣汤。逍遥镇胡辣汤不仅色鲜味美、经济实惠，还有防病健身的医药价值。因其不管贵贱贫穷都能消费享用，所以受到人们的普遍欢迎。从"胡乱辣"可以看出，河南饮食以乱炖、杂菜相烩，不重分盘和烹调，喜大锅汇集炖煮。

河南餐饮多流食，最为典型的除胡辣汤以外，还有著名的"洛阳水席"。洛阳水席始于唐代，至今已有一千多年的历史，是中国迄今保留下来的历史最久远的名宴之一。它有两个含义，一是全部热菜皆有汤；二是热菜吃完一道，撤后再上一道，像流水一样不断地更新。水席被洛阳人认为是上席，被称为"三八桌"。水席不仅是在盛大宴会中备受欢迎的席面，也适用于平日里婚丧嫁娶、诞辰寿日、年节喜庆等各种礼仪场合，人们也惯用水席招待至亲好友。洛阳水席中最为日常的是浆面条。和其他面条不同，浆面条是将豆浆置于适当的温度下，发酵变酸，然后放入锅内加热到80摄氏度左右，液面便有一种蘑菇状的浆沫。这时加入少许的香油，反复搅拌，待滚沸，将面条下入，拌面糊使之呈糊状。这又是一道和胡辣汤类似的糊状主食。

河南食物料理以御寒、饱腹、制作便捷为主要特征。糊状的流食，为河南人在奔逃流浪的过程中，提供了更为全面的营养和众人同聚分食的方便。流食几乎是河南人流民形象的代表，而众多河南人的流民心理，便是战争的痕迹。

长垣县一度是河南省的省直管县，位于河南省东北部，往东是黄河，地理位置处于黄河的半腰上，因此水患等自然灾害频发。实际上，历史上的长垣地瘠民贫，吃饱都是一个问题。也许正是因为这贫穷，他们才更看重填饱肚子这一回事。民以食为天，吃饱对长垣人来说是头等大事。长垣烹饪始于春秋，成于唐宋，兴盛于明清，更辉煌于近代。2003 年中国烹饪协会正式发文命名长垣为首家"中国厨师之乡"，并在北京人民大会堂举行了授牌仪式。不仅如此，2015 年米兰世博会中国馆的餐饮运营商也是来自长垣的企业。

由于水患等自然灾害频发，民不聊生，长垣人不得不为了生存而为饮食发愁，他们只能想尽各种办法来填饱肚子生存下去。从唐代开始，长垣的"烹工"和"厨户"就已经被人提及。到了北宋，汴京作为首都，即现在的开封，是当时发展最繁华的城市，而其商业与餐饮业更为发达。宋人孟元老在《东京梦华录》序中有"集四海之珍奇，皆归市易；会寰区之异味，悉在庖厨"的记载。而长垣离汴京不过百里之遥，加上当地人对烹饪的热情以及地理条件的贫瘠，外出到汴京谋生自然就成为不错的选择。而出于对专长的考虑，餐饮行业想必是第一选择。这样久而久之，相互提携，来自长垣的厨师就逐渐成为汴京餐饮业中的佼佼者。

到了明清时期，长垣厨师的数量更是达到鼎盛，遍布大江南北。许多达官显贵、王府侯爵、官僚商贾、文人学士都喜欢用长垣厨师。"清光绪年间，长垣人口达到了 30 万人左右，其中在外从事厨师行业的有将近 25000 人。据记载，光绪皇帝的御厨王蓬州、慈禧太后的面点师李成文等很多达官显贵的专厨均是长垣人"。在新中国成立后，许多国家领导人也都选用长垣厨师作为专厨。从长垣走出的名厨数以百计，遍布在全国有名的饭店。不仅如此，河南长垣人做饭店老板的也有很多。在此基础上，长垣的烹饪技术学校也如雨后春笋般出现。

从某种程度上说，河南人的归属感源于灾难。谁占据了中原，谁就拥有了稳定发展的根基。因此，自古以来，河南经受诸多战乱，而战争造成了河南人流离失所。所以，与其他地区相比，河南人更盼望归属感。而近几年风生水起的各种寻根文化节正是为了帮助河南人自己重拾归属感，如固始根亲文化节、新郑黄帝故里拜祖大典等。这便是灾难所致的流民，为了生存创制了多种风味的流食，从多番流离的过程中产生了流民心理，形成了流民文化，经过岁月蹉跎辗转、找补、变迁，形成了各种各样的具体的文化活动。

第二节　农　耕

以农业立国的中华民族，民族形成和发展与农业紧密相连。中国以农为本，重农思想源远流长，是历朝历代奉行的政治统治思想和经济指导思想[5,6]。近代，随着生产力的发展，百姓面对大自然带来的灾害时不再像以前一样一味地承受。封建王朝的统治者之所以发展农业经济，以农业思想为本，是因为重视粮食生产与储备是当时百姓面对自然灾害时得以自救的一种方式。自然灾害所带来的重农思想是人们可以靠其来自救互救的一种途径。

对农业的重视，是河南成为多朝古都的重要原因之一。河南是中华文明和中华民族重要的发源地之一。从中国历史上第一个王朝夏朝在河南建都起，先后有夏、商、西周、东周、西汉（初期）、东汉、曹魏、西晋、北魏、隋、唐、武周、后梁、后唐、后晋、后汉、后周、北宋和金等20多个朝代在河南定都，前后长达两千余年。它们大多位于洛阳、郑州、开封，也有在许昌、淮阳、商丘等地。之后首都便迁至北京，并至今稳定在北京。为何历史的选择会是打破延续两千多年的惯例，是否北京真的比河南更加合适呢？

古代的各种社会制度、社会设施并不发达，基本处于顺应自然环境的状态，天地给予人们什么，人们用什么去生活，人们对自然规律的利用程度有限。此时，人们生存下来最基本的要求便是吃饱——这是维持生命的根本。河南地处平原，土壤肥沃，四季分明，有利于粮食的种植。于是，定都河南便解决了当时最重要的粮食问题。但在这两千多年的发展中，虽然不用饿肚子，长期战乱却威胁到了当地人民的生命安全。黄河水患现象也逐渐变得严重，人们发现此地不再适宜作为首都：倘若首都都不能保证最起码的安全稳定，何谈整个国家的稳定。随着时代的发展，种植技术越来越发达，人们也学会了利用自然规律去改造自然，以更好地服务生产，所以粮食问题逐渐不再是人们担心的首要问题。灾害、交通反而成了主导因素，气象灾害、公共卫生事件在当时来说是最主要的灾害类型。人们对于气象灾害与公共卫生事件似乎还不能做到有效遏制，河南的这两种类型的灾害表现明显，迁都想必一定是当时最佳的选择。由于战乱和灾害的长期影响，也使得当地经济落后，发展好的一切都会在动荡的环境中被打回原形，一遍遍从头开始，如何推动经济、文化的发展？试想，建设好的设施、进步的文明如何能在动荡的环境中保持稳固呢？北京近海而不靠海，有辽宁、山东两个半岛拱卫，战略上十分安全，不至于战乱一下子就波及到北京，这是北京相较河南而言最大的优势。因此，战乱是促使河南不再作为建都首选的主要因素。北京气候稳定，人口数量适宜，各个流域不易发生溃堤现象。相对河南来说，其发生气象灾害与社会公共安全事件的潜在因素较少，可为人民提供更安全的生活环境，为社会的发展保驾护航，由此可见，气象灾害与社会公共卫生事件是推动都城迁出河南的驱动因素。社会环境稳定，社会才能更好地发展，不打断发展的进程是对社会发展最好的保护。而灾害确实是打断社会发展的不安全因素，从古至今都是这样。正是因为这个道理，迁都成为必然。

"重农抑商"政策也制约着中国历史的发展。《史记·秦始皇本纪》中已有记载："皇帝之功，勤劳本事。上农除末，黔首是富。普天之下，抟心揖志"[7, 8]。在中国古代社会，"农本商末"的观念是传统经济思想主调，"重农抑商"政治方针是惯行的基本国策。重农抑商主张重视农业，以农为本，限制工商业的发展。春秋战国时期，李悝变法、商鞅变法均有奖励耕战的条目。到了汉文帝时，直接提出了重农措施。清初为了恢复经济，也向重农方向调整经济政策。自作为雏形的"奖耕战""抑商贾"，到成为国策的"重农抑商""崇本抑末"，甚至到宋元的"专卖"及明清的"海禁"，都有重农抑商的影子。"农本商末"政策深深制约和影响着中国历史。

国家的经济政策，是与历史条件和经济基础相适应的。在中国古代自给自足的自然经济模式下，土地是经济收入的来源。地租收入较稳定，是发家致富的最好手段。对封建国家而言，农业的发展使人民安居乐业，国库充实富足。因此，我国古代的重农抑商政策是与封建制度相适应的，是封建经济的必然产物。河南作为农业大省，一是因为人口数量多，二是因其遭受过严重的饥荒。1942 年夏到 1943 年春，河南发生严重旱灾。平息大旱之后，又遇蝗灾。河南 111 个县中有 96 个县受灾，其中灾情严重的有 39 个县，受灾总人数达 1200 万人。在这 1200 百万受灾人口中，大约 150 万人死于饥饿和饥荒引起的疾病，另有约 300 万人逃离河南，成为流民。因此，饥荒之灾使得河南人更加重视农业发展以及粮食安全。河南人在种粮、屯粮上的积极使其成为农业大省，这也正是自然灾害所致的安全感缺失的表现。除了经济原因和物质方面的原因之外，"重农抑商"政策还有文化方面的原因，即我国传统的"重义轻利"观念的影响。河南人更喜欢人与人之间的交情往来，并习惯于亲密拥挤的居住环境，好拉帮结派，重江湖义气。或许正是因为这个原因，河南人更加盲从，群体性事件多为常见。

以温县为例，温县位于河南省西北部，接近晋豫边界，北靠太行，南临黄河，属于亚热带季风气候。提到温县，人们就会联想起太极拳、铁棍山药、司马懿故里。不得不说，温县是个小地方，所以它能留给外地人深刻印象的也不过尔尔。但是，当深入了解这个地方的风土人情时就会发现，它的点点滴滴都有自然灾害和战争灾难的痕迹。由于黄河在古时经常泛滥，所以人们大多定居于偏北地区。后来有人看重了洪水退去后留下的肥沃土壤，将房子建在滩区地势高的地方。近几十年来，随着黄河水越来越少，滩区也愈发繁荣起来。温县在过去如非富贵之家，房子大多是泥土夯制的。而且在黄河滩区，由于土质松软，冲积平原又缺少石料，所以人们在奠基时也损招频出。其中最损的就是扒"旧房"盖新房。这里的"旧房"就包括没来得及保护起来的历史遗迹，如一些古城墙、安乐寨司马懿故居建筑群、苏护苏全忠父子墓穴等。这些无价之宝如今要么在谁家的墙壁中，要么在谁家的地板下。这一状况，近几年才被政府重视，当然也有政绩和创收的考量。在已成尘埃的故地上，立起了"XX保护单位""XX古迹"的石碑牌子，但是"逝者已矣"，覆水难收。

邻近的山西人带来了对于面食的专宠，从此馒头、包子、面条统治了温县的饮食文化。但随着外来户的更新换代，人们更根据当地特有的环境创造出了更多元的饮食模式。温县所在的地区和山西地理特征很像，但也有不同。一方面，这里黄河及其支流纵横交错，水资源丰富，由冲积平原所带来的土壤肥沃。这使得当地农作物丰富，人们可以有多余的粮食研究和创造更多样的食物，如凉粉、面筋、擀面皮等。另一方面，就像剑总有一刃是朝向主人的，温县遭受着黄河带来的灾害。黄河作为中国区域内和历史上改道次数最多的河流，确实是给温县人带来了不少麻烦。所以，人们把作为粮食作物的小麦放到了秋季播种，而在夏季则种植大豆、花生、玉米等短期作物。这一点在温县的黄河滩区体现得尤为明显。不仅如此，歉收甚至绝收的威胁使当地人养成了物尽其用的习惯。例如，绿豆可以做成凉粉，但是也会伴生出酸酸的浆水。这种东西如果单独入口，简直是黑暗料理；但如果烹饪得当，将其做成浆面条，就是难得的独特美食。

在温县区域内，乃至辐射到整个古怀庆府辖区内，一些名称多多少少都带着一些战争的味道。一方面是地名。温县的安乐寨村是司马懿的老家，所以这里的很多地名都表明了其历史轨迹。《司马懿传赞》："司马氏曾在此广修城阙……周围村庄曰招贤。城外有护驾庄、上花苑、校尉营。"这些地名虽然早已失去其历史作用，但名称依然沿用至今，如招贤乡、上苑村、护庄村等。另一方面，是人名，准确说是姓。温县古时叫苏国，被北狄人灭国后改建为温国，所以本地人大多姓苏或温。但是"一代天骄"的铁骑由此踏过之后，从此人烟荒芜。明朝朱元璋不忍这一顷良田被白白浪费，所以从外地迁移居民至此，距今已近七百年了。当时迁徙至此的人大多来自如今的山西省洪洞县，所以，这里的姓氏已脱离了黄河文化的特征，反而和山西地区一脉相承。

"封闭式大陆"被认为是造成中国封建社会"重农抑商"的根本原因。而位于全国中部地带的河南省更是如此。中华民族从远古开始便生活在黄河流域，改革开放初期，经济特区的贸易迅速腾飞，却少见河南人下海经商。河南人像他们耕种的土地一样厚实、质朴，没有湖北人的精明、江苏人的婉约、广东人的伶俐，总给人一种面朝黄土背朝天的辛勤耕种的印象。

第三节　庙　宇

在人类历史发展的长河中，巫术产生于人类的野蛮时期，是一种古老而幼稚的准宗教现象。巫术思想是在人类漫长的生活实践中产生的，是古人对大自然及周围事物的信仰。而这种现象的产生正是由于人类面对灾难时的束手无策。正是由于不知道用什么方式来防灾减灾，因此才借助超自然的神秘力量对某些人、事、物施加影响或予以控制，以期达到自己的愿望。原始人相信巫术能够调整无生命的自然，从而期盼大自然能够风调雨顺，百姓得以安居乐业，不受灾难的威胁。

河南传统民间信仰多少都与灾难相关，表现这种信仰的则是庙宇文化。在中国寺和庙是严格区分的。主尊供奉佛、菩萨的为寺，主尊供奉鬼神的为庙。庙本是奉祀祖先的处所，迷信的人供神的地方也称庙，如龙王庙、土地庙。农历二月初二，是"龙抬头节"或"青龙节"。这一天被认为是东海龙王的生日，河南农村的妇女一般在这天不动剪刀、不做针线活，怕动了刀剪伤龙体。人们摊煎饼，把煎饼被当做龙王的胎衣。另外，人们包饺子、炒黄豆、煎腊肉、蒸枣馍，是改善生活的一项重要内容，也是对风调雨顺的企盼。也有说法提到，在封建社会"寺"是外来宗教的宣讲场所，"庙"是历代炎黄子孙纪念国殇、忠孝等人士的场所。有德有才的人也可立庙奉祀，如关帝庙、岳庙等。寺里供的是佛，庙里供的是神，是人的偶像化。所以，河南的庙宇数量和坐落方位，在一定程度上是因其面对灾难的无助、无力、害怕却无法解决、应对而设立的精神寄托，甚至是个人信仰。

灾难对信仰文化的决定作用，体现为信仰在文化具象层面的不同表达。以河南地区的火神庙和龙王庙为例，火神庙坐落于焦作市山阳区，龙王庙坐落于焦作市武陟县，两地直线距离29.8千米，同为平原地形，处于黄河与太行山之间，历史上也皆属中原文化区，但信仰差别却如此之大。参阅史料可知，焦作市山阳区古时煤炭潜藏、山林密布，多有火灾发生，而武陟县则有黄河川流而过，古时多有洪涝。这座黄河龙王庙也叫嘉应观，正是由雍正皇帝御批建造的，至今庙内仍有雍正皇帝的雕像和题字。结合当时的历史情况可以想象，古人面对这些灾难时，往往显得无能为力，继而只能将希望托付某一神灵。遇旱求雨，遇涝求稳。由于灾难的类型不同，他们求助的神灵也不同，信仰寄托神明产生的文化也不同。

在中国的神话和历史中常提到"三皇五帝"，不同历史著作对其有不同的解释。《尚书大传》《春秋运斗枢》和《三字经》都将伏羲列为"三皇"之一，其中《春秋运斗枢》将女娲也列为"三皇"之一。华夏民族人文始祖——伏羲，原本与女娲是兄妹，后因各种机缘巧合（不同的地方对其有不同的解释）二人结为夫妻，繁衍人类。现今，位于河南省淮阳县的羲皇故都风景名胜区和河南省周口市西华县的女娲城闻名全国，每年在固定的节日人们会回去祭奠先祖。这样的文化遗址与文化传统在河南深深扎根，代代相传。伏羲文化与女娲文化在历史中走了很久也走了很多地方，那么它们为何最终扎根于河南呢？

谈及伏羲，如果说伏羲故里在河南，定然会有人反驳。在多数人的印象中，甘肃省天水市定期会有公祭伏羲大典，且每年也有庙会、大戏伴其左右。伏羲庙，本名太昊宫，俗称仁宗庙，位于今甘肃省天水市城区西关伏羲路。但不只甘肃，在河南淮阳县，每年也有祭祀伏羲的风俗，其浓郁的文化氛围丝毫不亚于天水，甚至超过天水。2008 年，淮阳的太昊陵以单日825601 人次的游客流量刷新了吉尼斯世界纪录。从现代文化发展的细枝末节中似乎找不到它们的差别。从历史来看，朝廷也都批准两个地方可以代表国家的伏羲庙并开展祭祀活动。天水的伏羲庙是明成化十九年至二十年间（公元 1483—1484 年）由朝廷批准建成，每年为其发布专用的祭乐、礼乐。由此可以看出，明代官方或许是认定了伏羲故里为甘肃天水。同时，当代考古工作表明，甘肃天水大地湾有距今 6 万多年至 3 千年左右的人类活动踪迹或文明遗存，国内其他地方并没有发现如此长时间且具有连续性的文明持续状态。由此，或许可间接证明伏羲故里在天水。大禹治水途径天水时，留下了石刻碑祭祀伏羲。不过，伏羲虽可能是从甘肃天水诞生，但他去过的地方很多，沿着黄河一路向东，最后扎根河南，且仙升于河南淮阳。俗话说，一千年看北京，三千年看西安，五千年看安阳，八千年看淮阳。淮阳，又名"宛丘"，正是伏羲 6500 年前定都之地。试想伏羲走过中国这么多地方，为何选择在淮阳开启带领人民从蛮夷走向文明的伟大历史时刻？古时候，人们对灾难的认知不像现在这么清楚，可带来较大危害的灾难无非水灾、旱灾和一切危害农作物生长的灾害。然而伏羲眼中的雨、雪、风、雾这些看似平常的自然现象，在河南确实体现得淋漓尽致，且由此引起了社会构建所谓的不安全因素。此时，伏羲选其地定都定是考虑到，若能在如此复杂的自然环境下生存、繁衍，那么这些人到更好的自然环境中一定也可以很好地生存。当时，伏羲创立八卦，开启中华民族的文化之源，"天人谐和"的思想正是为适应各种预测、预警和治理灾害技术不健全的环境而生。这种思想认为天、人共同和谐，没有灾害，人们才能幸福安康。在原始社会各类技术并不健全的情况下，死亡对人们来说极为平常，尤其是面对灾害的时候。为了在灾害中能够延续人类的生命，繁衍更多的后代成为抵抗灾害与死亡的一种必要方式。因此伏羲文化中具有代表性的泥泥狗和布老虎都是用来表达生殖崇拜观念的。

　　女娲遗迹在国内有数十处乃至百余处。与对伏羲故里的理解相似，女娲走过、居住过很多地方，河南省西华县女娲陵一定是女娲居住过的地方，但它或许不是女娲最初生活的地方。女娲氏的母亲是华胥氏，华胥陵位于骊山南麓，女儿一开始的活动范围大致不会离母亲很远。文化传承至今，骊山山顶附近有娲氏谷、女娲堡等遗迹，且当地伴有祭祀女娲伏羲的民俗。距今7000年前，骊山北麓有姜寨仰韶文化遗址，其与女娲氏族存世时间基本吻合，所以女娲氏族从骊山迁移至河南，并在河南有过长时间的定居是事实。那么其为何长期居住于河南多地（汜水、西华、遂平、沁阳、登封、新密）呢？其中尤以西华县女娲城最为出名。据史书记载，女娲在此地繁衍生息，死后葬于思都岗女娲城。在考古工作中，西华县出土了很多石刀、石镰、石斧等磨制石器，在女娲城址下发现了仰韶文化、龙山文化及商文化遗存，表明史前先民曾定居于此。从城内出土的许多器物残片及地下排水管道和明代城门额"娲"字砖来看，很早就有居民在此祭奠女娲，不仅时间早，且延续时间长。女娲造人这个神话尽人皆知，其实女娲还是补天救世的女神，她神通广大，化生万物。河南地处中原，四季分明，人口众多，且面临的灾害较多。灾难对于人们的生存是巨大的威胁，而与伏羲当时在河南崇尚生育繁殖的思想类似，女娲可帮助人类繁衍，且可补天，为人类打造更加稳定和谐的生存环境。从另一个角度来看，正是因为古时河南灾难明显，倘若女娲教会当地先人如何在恶劣环境中生存，那么他们将来走向各地，面对更好的环境时就可以更好地生存下去。由此看来，灾难是吸引女娲来此定居的原因，也是女娲实现更大更远的美好愿望的有效途径。

　　时至今日，河南一些地区的老人们依旧保持着一种模糊的信仰观。他们并不具体信奉哪个宗教，只是单纯地信仰一种力量，这种力量化身为几乎遍布每个村落的各种庙宇。这些庙宇中，有些可能供奉着龙王，有些可能供奉着菩萨，有些甚至神佛都没有，只是供奉着一棵树。这其实也和由战乱所引起的迁徙文化有关，不同的源引出各异的流。而这种信仰在河南这片特殊的土地上逐渐扎根。一方面，优渥的种植条件让这里的居民一辈子很长时间都衣食不愁。另一方面，频繁的水灾和偶然的旱灾让当地人也承受了一定的打击。这个矛盾导致人们对于信仰的理解产生了一定的随机性。神多，人们面临的选择就多，这个庙不能保佑我，我就换个庙拜。人多，庙也多。黄河总会泛滥，受灾的人换庙，不受灾的留下；汛期也总会结束，换庙的觉得换了这个神靠谱，没换的觉得神还是爱我们的。从元朝至今，河南已经不再是"京畿之地"。而且也不在通商要道上，加上黄河的威胁，造成环境的艰难和闭塞。所以这种信仰观、这么多尊神都被保留下了。令人感叹的是，这些虚无缥缈的东西竟然比几丈高的城墙生存得更久。

多元群迁行动、偏僻的地理位置、总体优越的自然环境加上周期性的天灾，会催生什么？除了繁杂的信仰外，还有人们对生活的态度。在灾难来临时听天由命，目光短浅，做事以小我为中心。这是由该地区特殊的历史和灾难环境所构成的人性的低劣面。但也有好的一面，就是这里的人比较安分。就算是当年夺了曹家江山，改魏为晋的司马家，也是三代以后的事了，这是由环境改变所导致的。所以，河南人比较知足，富有富的活法，穷有穷的熬法。富的时候，吃香的喝辣的是一天；穷的时候，吃窝窝头配浆饭也是一天。这种悠哉的生活方式影响了司马懿，影响了孙思邈，也影响了陈王廷。但是如今的中国社会是历史上发展速度最迅猛的社会，社会个体之间的联系也虚拟化了。面对外来文化的强大冲击，这一代年轻人的生活方式也在急速地变化着。再加上自然环境潜移默化的影响，故乡前路漫漫，去往何方，只能拭目以待。

随着现代科技的高速发展，科学防灾减灾意识逐渐深入人心，人们不再依靠虚幻的神灵，而是通过现代科学手段来应对大自然带来的灾难。自然灾害的危害程度越来越大，对人民生产生活带来的损失也不可估量。面对日渐暴怒的大自然，人们通过科学的方法将危害程度降到最低，不仅体现在救灾上，防灾减灾的途径也更加绿色环保。自然灾害的加重使人们意识到必须通过科学的方法来实现人与自然和谐共处。然而，从对巫术的盲从到对科学的追求，面对灾难，人类总是怀抱信仰的。现代人倡导并做到了信仰科学，而对于古代或者现存的闭锁地区，信仰鬼神以求得生产、生存所需也是常事。

第四节　诗　曲

一、杜甫

国破山河在

城春草木深

感时花溅泪

恨别鸟惊心

烽火连三月

家书抵万金

白头搔更短

浑欲不胜簪

很多人初中时就将此诗烂熟于心，现在重新审视这首诗，它虽无豪迈的历史背景，但句句感情充沛；虽描述事物并不宏伟雄壮，但是其对仗精妙，字字深入人心。整首诗将"透心凉"描述得淋漓尽致。此诗写作于安史之乱的背景下，叛军占洛阳，破潼关，最后又攻陷长安。杜甫目睹了这一切，极力想报效国家，于是前往朝廷，希望能得到朝廷的重用，从而施展自己的抱负。谁曾想，在这个过程中，因为兵荒马乱，杜甫被俘，耽搁了投奔朝廷的时间。他在长安城看到当时一片萧瑟之景而吟出此诗。虽然自己颠沛流离，但仍不忘心系国家安危与百姓忧患。终究其势单力薄，仅凭一己之力无法逆转时势，满腔热血遭遇世态炎凉，这些对杜甫后期的诗作风格有重大的影响。

　　熟读杜甫诗词的读者会发现，他的诗大多沉郁顿挫、忧国忧民。诗的风格与诗人的生平经历密切相关。杜甫出生于河南巩县，从小生长于此。杜甫幼年时母亲离世，他只好住在姑母家。姑母对他很好，甚至比对自己的孩子还亲，因此其与姑母的孩子也相处得很好。他把这一家人当作自己的至亲对待。表弟对他也很好，每次有好吃好玩的，都互相推让，和谐的家庭环境使得杜甫并没有因母亲的离世而终日陷入悲伤之中，可能正因为如此，在杜甫的内心扎根的是积极乐观的基调。有一年，瘟疫横生，杜甫和他弟弟都得了一种病，医生开的一剂药方便是"躺在东边的床上"。屋子的东边只有一张床，姑母选择让杜甫去躺，后来他病情好转，姑母的孩子却不幸离世。这件事深深植根于杜甫的内心，并深感百姓生活不易，为此后的诗作风格奠定了基调。可以说，河南瘟疫这一公共卫生事件对杜甫诗作风格的形成有一定的推动作用。杜甫在家乡生活了整整34年，在河南走了不少地方，也结交了不少朋友，领略了盛唐的繁荣景象，也感受到了繁华背后的潜在危机。河南百姓的生活现状深入杜甫内心，而造成百姓生活不安定的重要因素便是自然灾害多发。当时，水、旱、蝗、风沙、地震等灾害频发。以水灾为例，唐朝存国二百八十九年，几乎每两年就有一年是水灾年，大规模的灾害给百姓生命财产和农业生产都带来了巨大的损失。据记载，唐玄宗开元十四年（公元726年）七月，河南"怀、卫、郑、滑、汴、濮、许等州澍雨，河及支川皆溢，人皆巢舟以居，死者千计，资产苗稼无孑遗"。旱灾与其衍生灾害蝗灾对河南农作物影响极大，由此也造成了大面积饥荒的出现。对于杜甫这种爱国爱民的人来说，报效祖国，尽一己之力实为重要。

　　中年时期，中原战乱频繁，杜甫西上长安。虽因几首诗而得名，但却未能谋得出路。处于长期失业的状态，加上自身身体不佳，生活状况堪忧，杜甫回想着之前在河南的所见所闻，深刻体会到了人民的苦难。而后得到了右位率府胄曹参军的小职，手无实权，只是负责看护士兵们的兵甲器杖，管理门禁锁钥。此后，杜甫目睹了安史之乱前后百姓的困苦生活。公元758年冬，杜甫在被贬后重回洛阳，看望故乡与亲友，并于次年春返回华州住所。这一路上，他看遍战乱之后河南的现实情况，民不聊生，满目疮痍。他对自己多灾多难的家乡不由得深陷怜悯，于是写下了"三吏""三别"。

老年时期，杜甫离开华州，向西南漂泊，此后再未回到河南老家。但其对河南家乡的思念之情从未消失，对中原人民的关怀也从不曾有半点懈怠，晚年的诗词也多有对故土的怀念之情和对幼年时期美好印象的描述。

杜甫生活在唐朝中后期，正值唐朝由盛转衰、国力日渐下降、社会黑暗、人民生活困苦不堪之时。恰逢当时河南战乱与自然灾害频发，使得河南更加民不聊生，而爱国爱民的杜甫仕途不顺，导致杜甫一生的诗作大多陷入忧国忧民的感情基调。幼年的瘟疫与自然灾害，使他看到了百姓生活的贫苦与艰难，深深体会到民间疾苦。中年时期河南依然深陷战乱与自然灾害的折磨之中，杜甫归乡看到的是一片疮痍，恰逢报效国家的抱负未能得到施展，深感国家政权背后的黑暗，不免诗作多是沉郁顿挫的风格。老年时期，虽未再回河南，但几十年的故乡之情从未消除，回忆与关怀时常涌上心头。可以看到像灾害这样不可改变的历史环境伴随了杜甫一生，也无时无刻不勾起他的牵挂之心。

二、曲剧

曲剧也称"高台曲"或"曲子戏"，是流传于河南全省及其周围邻近地区的地方戏。曲剧是在当地流行的曲艺鼓子曲和踩高跷的表演形式的基础上，受到其他剧种的交叉影响发展而成的。其中较为有名的作品，例如《卷席筒》《诸葛亮吊孝》等，都包含了人们的灾难意识。

《卷席筒》是曲剧的著名曲目，又名《白玉簪》《斩张苍》等。主人公张苍娃是一个自小丧父的少年，跟随母亲改嫁来到曹家。可是心术不正的母亲害死了曹老爷，并嫁祸于曹老爷的儿媳张氏。正直的张苍娃为了救出张氏，一人承担了杀人的罪名，被判斩刑。新到任的巡抚是张氏的夫婿、曹老爷的儿子曹保山。最终张苍娃获救，一家团圆。该曲目中表现以席卷尸的场景，反映了当地在多灾的环境下所形成的"薄葬"习俗。

今天河南省所在的地区自古以来就是我国重要的农业产区，有着大量的农民，人们习惯于自给自足的生活模式，具有十分典型的农耕文化特征。但是，与此同时，河南也是旱灾、蝗灾最严重的地区之一，每次发生旱灾都会使农作物因缺水而旱死，导致农民颗粒无收，饿死的人不在少数。除了旱灾，蝗灾也会如此，蝗虫把农民辛辛苦苦种植的粮食都吃完了，农民们又没有其他粮食只能等死。所以，在长期与旱灾和蝗灾斗争的过程中，勤劳而又聪明的劳动人民吸取教训、积累经验，想到了以屯粮的方式来抵抗这种灾难。在粮食大丰收的季节，把多余的粮食囤积起来，以应变旱灾和蝗灾带来的饥荒年。河南这种屯粮行为与薄葬相似，都是人们在灾难文化影响下的一种行为方式。

纵观中国历史，尽管时有灾难发生，但在现在的河南地区并不是很多。尤其是在黄河治理好后，以前常发的水灾现在也很少发生，兵灾现在更是已经没有了，旱灾和蝗灾偶尔会发生，但都会有相应的应对措施。所以现在的河南人会考虑得比较久远，为了以后自己能有个安逸的晚年，也为了自己的子孙后代能过得好，通常会比较节俭，会把现有的资源留到以后使用。这种生活态度也是受灾难文化影响的。

《诸葛亮吊孝》讲的是三国时，孙权与刘备结盟，共抗曹操。诸葛亮三气周瑜后，周瑜忧愤而亡。面对大敌当前，为缓和两军矛盾，诸葛亮到周瑜灵堂拜祭。诸葛亮来到早已被人布下埋伏的灵堂，胆大心细、小心周旋，终于全身而退。两军也遵照赤壁之约，共抗曹军。战争的灾难给河南人精神世界留下的印记，就这样反映在主题与战争有关的曲剧中。

地处中原的河南，历史上是兵家必争之地。中原王朝频繁更迭，改朝换代的政治动荡最突出的是战争，军事冲突带给战争区人民的不仅仅是流血牺牲，更多的是长年的颠沛流离和血雨腥风，人们的心理承受能力也在慢慢变强，胆量也逐渐变大。最明显的就是河南男人敢走天下。生在河南，长在四方，有事没事常往全国各地跑跑。河南人绝对不是那种守在家里不敢出门的人，在中国任何一个省份都有河南人的存在。随便问个中国人河南话怎么说，保证都能说出几句"中不中"。

本章小结

河南的土地上经历过太多马蹄，飘洒过太多鲜血，有太多河南人奔逃而过。那些因为无法应对灾难而群体逃亡的仓皇步伐，在之后变成了对生活安定向往的热闹戏剧。每年春节前后，中国的春运作为现代人类堪称奇迹的大迁徙，里面有太多的河南人。曾经因为饥荒，为一碗米粥，他们不得不四处逃散。现在几乎是同样的理由，为了一年的生计，他们到各地外出赚钱。

"皇天之不纯命兮，何百姓之震愆。民离散而相失兮，方仲春而东迁。去故乡而就远兮，遵江夏以流亡。"这正是河南这片土地带给生活于斯的人民的永久灾难印记。

参考文献

［1］田军. 论民国时期土地开垦的政策与主张［J］. 思茅师范高等专科学校学报，2011，1，53-58.

［2］陈锋. 清代财政政策与货币政策研究［M］. 武汉：武汉大学出版社，2008.

［3］黄有泉. 洪洞大槐树移民［M］. 太原：山西古籍出版社，1993.

［4］张青. 洪洞大槐树移民志［M］. 太原：山西古籍出版社，2000.

［5］王潮生. 农业文明寻迹［M］. 北京：中国农业出版社，2011.

［6］薛瑞泽. 古代河南经济史［M］. 郑州：河南大学出版社，2012.

［7］徐士杰. 传统文化与科学发展［M］. 武汉：武汉出版社，2008.

［8］高梓梅. 河南民俗与地方曲艺［M］. 郑州：郑州大学出版社，2007.

第六章 | 齐鲁大地

　　山东居太行山以东，因而得地名"山东"。因先秦时期隶属齐国、鲁国，因而也常以"齐鲁"相称。山东简称"鲁"，省会济南，地处华东沿海、黄河下游，连接中原。地域范围内有巍峨的泰山、平坦的半岛，并与黄海、渤海为邻。山东地区人口众多，自古多灾多难。"好汉"情怀和"炮灰"情节是山东灾难文化的典型。

第一节　炮　灰

　　炮灰，比喻为了团队利益而被牺牲的人，即无谓牺牲者。这里的炮灰情节出自于《史记·田儋列传》。原文记载[1]：

　　　　乃复使使持节具告以诏商状，曰："田横来，大者王，小者乃侯耳；不来，且举兵加诛焉。"田横乃与其客二人乘传诣雒阳。

　　　　未至三十里，至尸乡厩置，横谢使者曰："人臣见天子当洗沐。"止留。谓其客曰："横始与汉王俱南面称孤，今汉王为天子，而横乃为亡虏而北面事之，其耻固已甚矣。……"遂自刭，令客奉其头，从使者驰奏之高帝。

　　……吾闻其馀尚五百人在海中，使使召之。至则闻田横死，亦皆自杀。於是乃知田横兄弟能得士也。

　　田横五百士的故事讲的是春秋战国时期，齐王后裔田横与兄长田儋、田荣，都是山东地区的豪族。趁着秦末大乱，田儋、田荣曾相继自立为王，希望复兴齐国。不久，田儋在与秦将章邯的作战中战死，弟弟田荣被项羽击败后被杀。项羽与刘邦争战之际，田横趁机拥立田广为齐王，恢复了齐国。后来，田横归顺了刘邦。韩信听说郦食其不费一兵一卒为刘邦获得了齐国的土地，大为不满，立即出兵攻打准备投降的齐国。田横以为刘邦欺骗了自己，就率众人逃往梁国，继续与刘邦为敌。刘邦建立西汉王朝后，梁国成了汉朝的诸侯国，彭越被封为梁王。田横害怕刘邦报复，便带领部属五百余人，逃亡到黄海之中的一个孤岛上。刘邦深知田横早年威望很高，怕有后患，就下诏赦免田横之罪，要求田横入朝为官。田横顾虑重重，他表示愿为庶人，与众人在海岛上度过一生。但刘邦坚持让田横回朝，田横为了让部下免遭杀戮，只好带领两个随从去洛阳见刘邦。当行至河南地界时，田横托词见天子应沐浴更衣，趁机拔剑自尽。两个随从拿着田横的首级前去见刘邦，刘邦感慨不已，下令以王者的礼仪为田横下葬，并封田横的两个随从为都尉。然而，这两个随从在把田横安顿下葬后，也在田横墓冢旁边自刎。刘邦感慨田横是不可多得的贤士，将士也是有情有义。再次派使者到田横所在的小岛上招安其余的部下。岛上的五百将士得到田横的死讯，都纷纷跳海自杀了。

　　田横的五百士就这么牺牲了，这里所说的炮灰精神其实也是一种"尚武精神"。古时所说的"尚武精神"是褒义词，而到了现代的另一种说法"炮灰情节"则有些许的贬义。田横五百士这些勇于牺牲的战士、这种将臣相忠也可以被视为一种炮灰情结。

　　为何汉代的尚武精神如此强烈呢？究其根源，其实还是源于灾难导致的民族刚烈特性。古代山东灾难频发，春秋战国农业生产中的主要灾难不是洪水内涝，而是干旱。到了汉朝统治阶段，农业受到极大的重视。政府极力向西开拓边疆，实行屯垦戍边政策，由内地向边疆大规模移民，使多数牧区转化为农耕区。森林、灌丛、草原受到前所未有的大破坏，黄土高原的原面、陇南的河谷、河西走廊的绿洲上的天然植被都被砍伐殆尽[2]。这一时期农业上自然灾害种类有旱、水、虫、饥、雹、风、疫、地震等八种以上。

学者将中国历史上公元前206年至公元220年的两汉时期，称为"两汉宇宙期"，其重要表征就是地震频率明显增多[2]。秦汉440年中，灾害发生了375次之多，其中旱灾81次，水灾76次，地震68次。根据《中国地震历史资料汇编》统计，两汉时期一共发生地震118次，平均不到四年就发生一次地震，可谓十分频繁。除此之外，从灾害发生情况来看，黄河、长江也频频泛滥[2, 3]。西汉时期，黄河第一次泛滥成灾，罕有的三次长江水灾都集中爆发于这一阶段，其他几条河流也均有泛滥的情况。水灾也给汉代全国上下造成了巨大的损失。

长期的灾难使得普通百姓家中一贫如洗，食不果腹，家中的壮丁很多都自愿选择为国出征，这从现代意义来讲是真正的志愿军人。当然，这也是人们踊跃参军、杀敌报国的写照，集中反映了尚武精神。《史记》中也有专门的侠客列传，说明汉朝尚武之风盛行、行侠仗义之人颇多。

中国自古就是以杀敌报国、血战沙场为荣的，中原民族流淌着悍勇尚武的血液。在汉代，有许多社会精英都自愿投笔从戎、从军报国、建功立业，使得汉朝有了屹立于世界之巅的勇气。尽管秦汉两朝奉行弱民、愚民的政策，但中华民族悍勇、血性的品格并非一朝一夕所能泯灭。即便到了汉朝，依然可见悍勇尚武之人。

除了田横五百士所体现的尚武精神外，在汉朝及之前，也有很多为了荣誉或不愿受辱而自杀的例子，例如二桃杀三士典故中的齐国三勇士、楚国令尹成得臣、西楚霸王项羽、钟离眜、李广等。在灾难的原始动因下，热血男儿纷纷参军，灾难的记忆扎根于心中，只有保家卫国、争得荣誉才能荣归

故里，为家中的亲人带来富裕的生活。即便是国破家亡，也不愿苟且偷生的
"炮灰情结"烙印在田横五百士中，这正是灾难引发的特有的民族特性。徐悲
鸿的《田横五百士》被世人给予极高的评价。当代人对这幅画的解说也各抒
己见。但不可否认的是，艺术画作正是灾难引发出的生活的一种具象表达。

第二节 好 汉

在中国人的印象中，说起山东人，就会想到"好汉"二字。"好汉"脱
胎于《水浒传》中的一个个或真实或虚构的人物，构成了山东人性格的载
体。山东好汉辈出，民风彪悍。赤眉起义、黄巢起义以及梁山泊好汉，山东
地区总是与秘密教派、习武结社、官逼民反的历史现象联系在一起。

自隋唐以后，灾荒不断，战乱频发，农业生产环境和产量日益恶化。北
宋后期，鲁西一带相继爆发起义，使得山东人以勇敢好武名闻天下。到了元
朝末年，鲁西一带已是"但见荆棘丛，白骨翳寒荟"。之后几十年的战争，
更给北方经济带来巨大摧残。到了明初，山东东昌地区几乎成了无人区，这
也为洪武年间明政府移入人口埋下了伏笔。

在交通、通信均不发达的古代，文学是人们了解地域文化的媒介。人
们通过文本的写作与阅读对某一地域文化形成一种想象，并建构了一系列的
地域文化形象[4]。《水浒传》是这种地域文化创作中影响最大的一部，使得
"好汉山东"成为一种文学记忆和文化符号。灾难一步步向文化渗透，最后
形成一种具象表达。

好汉文化的广泛流行与被接受的重要原因是表达了长期被压抑的民间理
想与民间精神。正如《水浒传》对山东文化形象的塑造，不是从正统、主流
的视野进入的，而是从民间意义上进行的。《水浒传》是在宋元时代民间流
传的水浒英雄的故事基础上创作的，遵循着人们按照自己的理想对水浒人物
进行的改造[5]。因而《水浒传》代表的"好汉文化"，寄寓了更多的民间理

想、道德伦理、心理诉求，有着鲜活的生命活力。

从南宋到元代前期这段漫长的时期里，在灾难导致的"民不聊生"的自然背景与"官逼民反"的社会背景下，水浒英雄们揭竿而起。但在内心深处，人们的忠君思想仍占主导地位。宋朝末期的民族危机，激起了反抗压迫、抵御入侵、忠君爱国的思想。人民在连年的战乱中忍受着饥饿与煎熬，使得民族矛盾上升为社会的主导问题。人民对安定生活的渴望和期盼，赋予了《水浒传》替天行道、为民祈福的精神寄托。对水浒故事的整理，表达了中华民族崇尚英雄、除恶灭敌的精神诉求。

至宋明时期，自然灾害发生的频率越来越高，自然灾害种类达到了二十种以上。其中发生次数多、危害面广、牵涉面积大的是水灾、旱灾、虫灾、饥荒。这一时期民间百姓因灾死亡的人数激增，对统治阶级的不满情绪也达到顶点。到了清朝，山东地区的自然灾害以水灾、旱灾、蝗灾和震灾为主，呈现出周期性和不断增长的趋势[6]。由于长期饱受灾难的摧残，孔孟之乡的敦厚温雅逐渐为刚烈的尚武之风所取代。好汉文化是以阳刚、勇力彪炳史册的。《水浒传》中的英雄大多身材伟岸，虎虎生气。例如，武松"身长八尺，一貌堂堂，浑身有千万斤气力"；鲁智深"生的面圆而大，鼻直口方，腮边一部络胡须。身长八尺，腰阔十围"。武松景阳冈打虎，鲁智深倒拔垂杨柳，就连女性也武艺高强、不让须眉。《水浒传》极力赞美了英雄们能够驱虎豹、征强敌的强健体魄。

第三节　八　仙

"八仙"即传说中的道教八位神仙，包括汉钟离、吕洞宾、张果老、铁拐李、蓝采和、何仙姑、韩湘子、曹国舅。八仙是我国家喻户晓的人物形象，各种器具上也多见八仙形象，小说、戏剧、曲艺中均对八仙故事有所描绘。八仙最早见于唐人的记载，宋代已摹本成型，八仙过海的故事在元末已初具规模。

八仙过海的故事是由山东一带的瘟疫灾难开始的。在瘟疫的肆虐下。为解救苍生，汉钟离和铁拐李决定往东海之东的药岛采药。岂料二人误杀莽龙太子，龙王震怒之下封锁了东海，只有八仙俱全，才能通过东海采得仙药。汉钟离和铁拐李下凡寻找尚未成仙的其余六仙。在凡间几经艰辛，终将韩湘子、何仙姑、吕洞宾、张果老、蓝采和、曹国舅聚齐。众人各自寻回神兵法宝，一同抵抗龙王，渡过东海，来到蓬莱仙岛，得到仙药，解救众生。

八仙过海的故事通过戏曲、影视等艺术表现形式在民间广为流传。故事中生长仙药的仙岛"蓬莱"，地处山东半岛北端，因为"八仙过海"的传说而享誉海内外。山东半岛三面环海，有着绵延、曲折的海岸线，构成了陆地与海洋的交汇边界。海岸线以外的边海和大小岛屿，构成了山东的海疆区域。山东海疆的海上仙话是山东灾难文化的启蒙阶段。海上蓬莱有着美好的象征，它既是一座海上仙山，也是众多仙山所构成的仙洲的总称，是一个超脱尘俗的仙境。围绕着这些仙山、仙洲、仙境，人们构筑起了没有灾难的洞天福地，创造出了为人们祈福消灾的仙人大士。

山东省海岸线一带以及近海地区的海洋灾害可以大致分为四类，有海洋气象灾害、海洋地质灾害、海洋水文灾害和海洋生态灾害。而山东省沿海各种海洋灾害最为严重、经济损失最大的地区，包括渤海湾、莱州湾和黄河三角洲三个区域。该地区主要受到突发性的风暴潮、温带风暴潮、赤潮和缓发性的海水内侵等海洋灾害影响[7]。现如今，莱州湾附近滩涂养殖业的迅速发展，沿海工业企业和城市污水的排放量增加，导致注入海水中的污染物增多，加之莱州湾内外水体交换的速度较慢，不利于污染物的稀释与降解，赤潮灾害就变得越来越频繁。同时，该区域工农业生产用水量的不断上升，加上全球变暖造成的干旱缺水，使山东莱州湾沿海地区成为全国最严重的海水内侵灾害区之一。

蓬莱的先民们傍海而居，然而却受到海洋灾害的严重威胁，导致农业受阻，食不果腹，需要长期与海洋灾害进行搏斗。这里的人们祖祖辈辈总结、传承了大量涉海生活的规约习俗。这些具有地域特色的"规矩"，体现了民俗的魅力和约束力，沿海居民都在潜移默化中自觉地认可和遵守。这种海洋民俗伴随着子孙后代的繁衍生息一直延续下来，并将传承下去。

灾难致使的诱发因子始终扎根于山东沿海地区的民族特性中，正如八仙文化被世人流传一样。它同样是灾难文化的一种具象表达。由于海洋的神秘和海洋自然灾害难以抗拒，沿海渔民便产生了海洋崇拜，出现了海洋神灵信仰。沿海渔民有供奉龙王、海神娘娘之俗，每逢节日和出海前，摆设供品，焚香烧纸，祈求平安。

中国沿海渔民最早崇拜信仰的海神便是龙王。作为一种内涵丰富的神祇，龙王形象可能有善有恶，但作为一种被渔民们广泛认同的社会信仰，人们往往会彰显其好的一面而对其不好的一面加以隐藏和避讳。因此渔民向龙王祈求海面风平浪静，鱼虾成群，平安出海，满舱而归[8, 9]。农历二月二"龙抬头"，渔民们也要理发。特别是渔民们要给小男孩理发，寓意着男孩子是龙的子孙，受到海神的保佑。山东最著名的龙王庙位于蓬莱，建于唐代，历史悠久。在唐代，龙王是人们主要崇拜的海神。在海上女神"天后"由南方传遍北方之后，龙王的地位有所下降。

龙王的形象在先民的心中是无比严肃、令人敬慕的，因此在八仙传说当中，其形象也被塑造成了挽救灾难的人物角色。而八仙正是代表着各色先民形象，他们努力"修仙"来对抗大自然带来的灾害，维护自己的一片家园。

第四节　煎　饼

煎饼卷大葱是山东省极富特色的地方传统名吃，山东人对煎饼卷大葱的喜爱在全国闻名，在外省人眼里，几乎成了山东人的代名词。山东煎饼历史悠久，在东晋《拾遗录》、南梁《荆楚岁时记》、元代《王祯农书·谷谱二》、明代《酌中志》和清代《煎饼赋》等许多古籍中都有关于煎饼的记载。煎饼的起源可以追溯到距今 5000 多年前，但现代煎饼制作方法的创制年代难以考证。根据煎饼制作工具"鏊子"的出现，可以推测现代煎饼的制作在明代万历年间基本成形，清初鲁中地区煎饼的制作较为普及，已具备相当熟练的制作水平。

虽说煎饼是山东的代表性食物，但主要集中在鲁中、鲁南地区，属于主食之一，备受当地民众喜爱。煎饼的吃法丰富多样，其区别主要体现在煎饼中卷入的食材，包括豆腐、海带丝、肉丝、油条以及各类蔬菜、佐料等。其中最为经典的吃法当属煎饼卷大葱了，将大葱蘸上甜面酱或香辣豆瓣酱，夹在对折的煎饼中，味道鲜美。

煎饼卷大葱的食材常见易得，制作工艺简单，与逃荒、逃难的历史密不可分。煎饼是以麦子、玉米、谷子、高粱、地瓜干等粮食为原料，再经过反复淘洗、浸泡，用石磨磨成糊状物，形成"煎饼糊子"。鏊子是山东地区摊制煎饼的特有工具，最简单的架设方式可以用砖石堆垒把鏊子撑起来，稍微复杂的方式可用泥土糊成一个炉灶，然后在上面架设鏊子，在鏊子底部燃烧玉米秆、麦秆或木柴等加热。摊制之前，在鏊子上面擦一层薄油，便于烙熟的煎饼与鏊子分离。当鏊子烧热后，将煎饼糊摊放在鏊子上，用耙子沿着鏊子摊一圈，面糊迅速凝固成熟。摊煎饼非常讲究技术和火候，一般一分钟左右需要及时用铲子将煎饼揭下。刚从鏊子上揭下的煎饼比较柔软，可以折叠放到容器里存放，便于携带。晾凉后煎饼就会变得薄而脆，由于在加热过程中失去了大量水分，可以在常温下保存很长时间不变质，烙好的煎饼可以保存一个多月而不影响口感，是逃荒、逃难、远行中的必备食品。食用煎饼需要较长时间的咀嚼，因而可生津健胃，在灾难中可谓是果腹佳品。

大葱，在山东各地的田间地头都较为常见。在灾难时期，大葱也是为数不多可食用的调味蔬菜。大葱在冬季也易于储存，具有食疗价值和营养价值，比如解毒抑菌、发汗解表、定痛疗伤等功效。正是因为大葱具有果腹、治病的功效，在条件艰苦的年代，百姓才会带着煎饼和大葱背井离乡来应对各式各样的灾难。

煎饼卷大葱在战争中发挥了重要作用。抗日战争和解放战争中，煎饼作为主要军粮之一，凭借其不易变质、携带轻便、原料低廉、营养丰富等优点，对战争的胜利做出了重要的贡献。台儿庄战役期间，山东是共产党敌后抗日根据地的重要区域，煎饼就是共产党游击战中的重要食物，在沂蒙山区还流传着沂蒙红嫂为前线部队战士烙煎饼充军粮的故事。

山东人爱吃煎饼卷大葱的形象深受电影和电视剧的影响。《高山下的花环》中男主角梁三喜是山东沂蒙山人，非常喜爱吃煎饼。在《沂蒙》《沂蒙六姐妹》《南下》《红嫂》《红日》《英雄孟良崮》等革命战争题材的影视剧中基本都有煎饼这种食物，让煎饼真正为大多数中国人所了解，所以煎饼成了山东地区的文化标签和象征。

在过去车马很慢的时代，山东人闯关东、走津京，都是以煎饼为出行干粮，这给当地人留下了山东人都爱吃煎饼卷大葱的印象，并且这种印象已经根深蒂固。随着时代的变化，煎饼卷大葱的饮食习惯早已改变，煎饼制作方式和种类趋于丰富，更加贴合现代人的口味。不过煎饼卷大葱仍体现了灾难文化影响下独特的饮食习惯。

本章小结

中国地大物博，但也是灾难频发的国家。中华文化历史悠久，而全国各地因灾难造成的文化现象也千姿百态。本章以山东的自然灾害和战争灾难为立足点，从时间和空间着眼，在大环境中对山东的灾难文化进行分析。本章选取山东省四个特色文化，具体来分析因灾导致的山东文化现象。山东地区人民所具有的坚韧、勤劳、尚武的情感特色，经过灾难的洗礼得以不断强化，形成了群体共性，最终转变为中华民族的民族特性。

参考文献

[1] 韩兆琦. 史记（译注）. 北京：中华书局，2010.

[2] 桂慕文. 中国古代自然灾害史概说 [J]. 农业考古，1997，3，230-242.

[3] 马玉山，胡恤琳. 汉书. 太原：山西古籍出版社，2004.

[4] 卜风贤. 西汉时期的水患与人水关系：基于陈持弓事件的初步考察 [J].
中国农史，2016，6，55-64.

[5] 房福贤，孙峰.《水浒传》与百年"好汉山东"叙事 [J]. 理论学刊，
2007，11，117-122.

[6] 马征. 山东文化形象的文学想象与叙事研究 [D]. 济南：山东师范大
学，2007.

[7] 孙百亮，梁飞. 清代山东自然灾害与政府救灾能力的变迁 [J]. 气象与
减灾研究，2008，1，61-66.

[8] 张绪良. 山东省海洋灾害及防治研究 [J]. 海洋通报，2004，3，66-72.

[9] 沙晓菲. 浅谈胶东地区海洋民俗文化的特色及传承 [J]. 齐鲁渔业，
2017，3，42-45.

第七章 | 九省通衢

湖北位居华中腹地，物产丰盛，人文荟萃，是八方交汇、九省通衢之地。特殊的地理位置和文化背景造就了湖北独特的灾难文化。时至今日，"楚"已与湖北密切相连。荆楚文化中的不少组成部分，如特色民俗等在长期的发展过程中又衍生和变化出了更多的独特形态。今天荆楚文化中内在的独立品格已经在现代的文化市场上转化为文化产品的特性和差异性，形成了一定的品牌效应。可以说，真正具有全国性影响和世界效应的湖北文化品牌，都是带有浓郁荆楚历史文化和现代文化特色的。

在历史上，多种因素交叉作用是灾难文化存在和发展的动因。而文化发展的多因素决定规律，又反过来决定了文化五彩缤纷的多样性。湖北的灾难情况也形成了湖北省的特色灾难文化。本章将以荆楚文化为核心载体，详细探讨湖北灾难文化的形成过程。

第一节　荆　楚

湖北地处长江中游，是我国自然灾害较为严重的省区之一。湖北地区的自然灾害种类多、灾情重，尤以水旱灾害威胁最大、发生最频繁、影响范围最广[1, 2]。据历史记载，湖北无水旱灾害的年份极少。现代社会，政府高度重视湖北省农业自然灾害的防治，不断加大应急财政投入，但湖北省的水旱灾害依然严重。大旱十年一次，大涝五年一次。

在灾难的影响下，荆楚文化也格外璀璨夺目。湖北的灾难文化除了具有中华文化的基本精神之外，又极具地域文化的个性。在地域上，荆楚文化主要是指以湖北地区为主的区域文化。作为区域文化，在长期的形成、发展过程中，荆楚文化具有一系列鲜明的地域特色和精神特质。

一、楚文化

湖北属于雨热同期的亚热带季风气候，这种气候条件使得湖北遍布河流、湖泊，享有"千湖之省"的雅称。湖北是我国重要的农业区，有土质肥沃的江汉平原和长江汉水谷地，农业生产条件十分便利和完备。然而，湖北自古以来也是我国自然灾害多发的地区之一[3, 4]。中国灾害史学研究非常关注湖北地区的灾害，在很多著作中都有对于湖北地区灾害的丰富记录。先秦至清末数千年间，湖北主要自然灾害有洪涝、干旱、风雹、霜冻、寒潮、地震、虫害等，灾害的发生频率和空间分布存在较大差异。暴雨、干旱及其衍生灾害是湖北最严重的灾害类型。正是在与各种灾害作斗争的长期过程中，湖北人逐渐形成了富有特色的灾难文化。因此，本章以湖北自古以来的水旱灾害为载体，结合荆楚文化，探讨湖北富有特色的灾难文化。

根据历史和现代资料统计，湖北旱涝灾害的发生频率呈上升趋势。湖北地区历史上各朝代发生洪水灾害平均间隔年数为：东汉 8.43 年，魏晋南朝 8.71 年，唐朝 7.96 年，北宋 5.68 年，南宋 4.20 年，元朝 1.93 年，明朝 1.63 年，清朝 1.10 年，民国 1.06 年。旱灾的发生也呈逐年递增的趋势：东汉 11.5 年，魏晋南朝 19.50 年，唐朝 11.95 年，北宋 7.57 年，南宋 3.26 年，元朝 2.78 年，明朝 1.78 年，清朝 1.61 年，民国 1.88 年[4]。总之，湖北地区水旱灾害发生的频率很高，而且随着时间的推移，水旱灾害的发生频率不断上升，时间间隔不断缩短，造成了巨大的人员伤亡和经济财产损失。

荆楚文化具有丰富、开放的内涵。由于地理环境、历史际遇等多种因素的相互作用，逐步养成了荆楚人民不狭隘、少排外的地域心理，孕育出了荆楚文化中包容、开放的精神气质。一方面，荆楚文化受到了中原文化在物质、礼制、习俗等方面的辐射和影响。另一方面，自古以来荆楚地区多民族融合杂居，楚国在扩展疆域的过程中大量吸纳了南方少数民族文化。先秦时期，荆楚地区生活着多个族属。楚国在开疆扩土的过程中，采取温和开明的民族政策，并没有灭绝和打压各民族的文化。楚国对不同民族的文化兼容并包、博采众长，加以借鉴和吸收，将中原文化同蛮夷文化相融合，把各种文化的精髓都融入了自己的文化之中。因此，浓烈的开放意蕴是荆楚文化发展过程中形成的深刻灾难文化特质之一。这种博采众长的精神，赋予了荆楚文化非凡的活力，延续至今。

在地理位置与历史发展的共同作用下，荆楚文化具有独立品格。不迷信、不盲从、不随波逐流的文化特质，在湖北十分显著。荆楚地区在地理位置上相对中原地区较为偏远且交通不便，为形成荆楚文化精神中的独立品格提供了天然的土壤。荆楚地区在地理上相对偏南，加之区域内重峦叠嶂、交通闭塞，使得荆楚文化受中原文化的影响较少，有更多独立发展的空间。因而楚国有"楚蛮""南蛮""蛮夷"等多种称谓，也得以形成具有独立品格的地域文化。

荆楚地区独有的自然环境培育出了荆楚文化中特有的浪漫气息。荆楚的文学艺术作品与神话故事集中展现了当地究问天地、飘逸不羁的浪漫情怀。荆楚地区深重的灾难又使得这种浪漫主义气息有了悲天悯人的情怀、成为如今宝贵的精神财富。荆楚地区江河浩渺，山川瑰丽，环境优美，如诗如画，幻化多样，富有差异性，容易激发人们的想象力，为浪漫主义的生根发芽提供了自然环境。优越的物质生活条件，使得荆楚文化少了几分勤劳简朴，多了几分浪漫不羁。在文学上，荆楚文化的代表人物是屈原和宋玉。他们怀着充沛的浪漫主义理想，写成了大量脍炙人口、流传千古的辞赋。在艺术风格上，荆楚上古时期流行的凤尾和人兽合体的神像，都充满着天马行空的想象。

湖北作为楚文化的发源地，拥有丰富多彩的楚文化遗存。据统计，目前这类遗存约有 73 处之多。春秋战国时期，楚国的强大使其在 800 多年的历史延续中创造了光辉灿烂的文明果实，形成了荆楚地区"深固难徙"的爱国情结、"鸣将惊人"的创新意识、"艰苦卓绝"的进取精神、"抚夷属夏"的开放气度。楚庄王、屈原等一大批杰出的政治家、军事家、思想家、文学家，都对后世影响深远。楚国技艺高超的青铜工艺、丝织刺绣、漆器制造、哲学思想、散文辞赋、音乐舞蹈，都是留存后世的宝贵文化财富。

二、三国文化

湖北地区在秦汉时期是重要的文化中心，有丰富的文化资源[5]。而在三国时期，湖北古时地属荆州，是魏蜀吴三国政治地缘的交界地带，也是魏、蜀、吴三国志在必得、争夺激烈的地区。三国主要人物的重要活动和三国争斗的重大战场、重大事件都发生在荆州这一地区。湖北境内保存的三国文化遗迹有 140 多处，分散于除鄂西以外的湖北全省各地。湖北在三国时期也被称为"四战之地"，当时在湖北地区上演的政治、经济、军事、外交的联合与斗争，惊心动魄、波云诡谲。《三国演义》一共 120 回，其中描绘在湖北或与湖北密切相关的故事有 72 回之多。湖北著名文化景区，如古隆中、赤壁、长坂坡、水镜庄、徐庶庙、江陵、襄阳城、夷陵、当阳关陵等，都是三国文化的遗存。

发生在湖北大地上的三国故事和其中的英雄人物，极大地影响了湖北人的性格特征。三国时代英雄辈出，全社会充分肯定英雄的作用，对英雄主义精神十分崇拜，因而也培养了湖北人敢为人先、勇于创新的性格。这种敢作敢为的精神，为中国传统文化注入了阳刚之气[6]。湖北人在英雄气质的感召下，在历史转折的关头挺身而出，在近代打响了辛亥革命第一枪，拉开了中国推翻封建帝制的序幕。湖北的首义文化，体现了湖北人敢为天下先的英雄气概，与三国文化一脉相承。

三、"尚武"与"尚巫"

真正意义上的湖北灾难文化，与湖北人的性格密不可分。灾难文化性格是内在的文化基因，一经形成便会恒久、稳定地延续下来，成为历史和地方的特质。荆楚遗风铸就了湖北人最为核心的朴野劲直的文化个性，直至明清时期，湖北人"民风朴野"的特征表现得更加鲜明。湖北人"劲悍""决烈"的文化性格铸就了他们注重义、崇尚直的品质，同时其自身气质也带血气方刚的特点。湖北人比较尚武，群众性武术活动在湖北不少地区十分活跃。那么自成一派的武当拳在湖北形成，也就不是偶然的了。湖北人富有战斗传统，古代这里多次发生农民起义，现代的黄麻起义更是有口皆碑。除了自然地理环境之外，荆楚历史上被称为"尚武"和"尚巫"的精神，既是湖北灾难文化遗产的起源，也在湖北灾难文化的演变中展现出巨大的生命力。楚国祖先在富裕国家的过程中，铸就"尚武"的英雄气概。强大的军事精神深深扎根于楚文化的土壤中，磨炼了楚人坚强而直截了当的气质。正如《隋书·地理志》所载："人性躁劲，风气果决，视死如归，此则其旧风也。"[7]其结果是，这种灾难文化性格一旦形成，就是尖锐而深刻的，不会轻易消亡。湖北文化不仅继承了高贵的传统，而且继承了一些坚韧的品质。但湖北文化的物质载体不够精致，被认为是"蛮风"。湖北人作为湖北文化的创造者和载体，却被认为是精明的。粗犷而不够精致，除了勇敢之外，更多的反映了湖北人豁达的胸襟。在江西与湖北省接壤的部分地区，就有一首民歌中唱道："天上雷公佬，地下湖北佬，好打人，好打人"。

古时楚国巫风盛行，楚人"尚鬼""敬鬼"，称"死于国事者"为"百鬼之雄杰""身既死兮神以灵，子魂魄兮为鬼雄"。因而荆楚文化中有"巫风"一说。"尚巫"并不是简单的迷信，其中也包含了对先祖丰功伟绩的缅怀，对前辈英雄气概和爱国情操的崇敬。楚人非常重视对神鬼的祭祀，极富区域性文化特色。楚人的祭祀活动中常有歌舞，当地的舞蹈充满活力和节奏感，洋溢着狂野、活泼、自由、超脱、简单、坦率的气息，是与原始生活和情感交流息息相关的。

屈原的《九歌》用歌的形式来书写楚国民间的神话故事，场面壮丽，优美动人。在这些诗歌中，女巫被描绘成一群与众神舞蹈、将自然之美与人类之美结合在一起的人。《九歌》是屈原借巫俗和巫术创作的杰出作品。此外，屈原的《招魂》，更加直接地运用了楚国诗歌的艺术形式。诗中充满了光怪陆离的描写，从物质到意念，都深深扎根于荆楚文化之中。

第二节 龙王庙

中国古代神话传说中在水里统领水族的王，被中国古人称为"龙王"。龙王专属掌管兴云降雨，属于四灵之一。传说龙能够行云布雨，消灾降福，象征祥瑞，所以以舞龙的方式来祈求平安和丰收就成了各地民间的一种习俗。龙王治水自古以来就是中国民间普遍的信仰，官府也予以认可。全国各地的龙王庙几乎与城隍庙、土地庙一样普遍。每当风雨失调时，人们便会聚集到龙王庙烧香祈愿，以求龙王治理水患。深受水患之苦的湖北，也拥有自己独特的龙王庙文化。荆楚地区的龙王庙文化中既蕴含着人们对自然的无奈和敬畏，又充满着对风调雨顺、五谷丰登的渴望。

汉口龙王庙位于汉江与长江的交汇处，是"长江三大庙"之一。全长1080 米，曾经是一座供奉龙王的庙。传说 4000 年前，在长江和汉水的交汇处有一条龙，经常吞噬船只。所有的船只经过这里，都要准备各种祭品。到了大禹治水的时候，大禹派人将龙捉到并加以封印。为了歌颂大禹，当地人在汉口江边修建了一座寺庙，寺庙神龛上供奉大禹，神龛下供奉龙王，因而被称为龙庙。清代，龙王庙香火旺盛。1930 年，国民政府修建公路将龙王庙拆除，汉口发生洪水，死亡人口巨大，当时人们就提到"大水淹了龙王庙"的俗语。1998 年特大洪水时，国家领导人还亲临此地指挥抗洪。

在中华人民共和国成立之前，每当洪涝灾害发生时，武汉地方长官往往沐浴斋戒，每天亲自到龙王庙烧香上供，祈祷上天放晴停雨，不到洪水退去不能停止。有时，单靠哀求还不行，还要诱使龙王发威：把一个纸扎的大老虎放在龙王庙或积水池前舞弄。龙王还是不肯发威的话，有时还会采取极端措施，例如把龙王塑像拖到烈日下暴晒，或是捆扎起来沉入深潭。总而言之，民众对待龙王爷的态度就像对待其他神祇的态度，都是希望获得庇护。一般在风调雨顺时拜祭少，在水旱多发时拜祭多，这也体现人们对待神灵普遍具有的实用性心理。

龙王庙公园是武汉龙文化主题公园，也是湖北五千年文化的展览中心，园中有"万龙壁""汉口文化墙""汉口源点""八龙献瑞"等景点。龙王庙公园有武汉最大的观景平台，不仅是长江和汉江交汇的独特景观，也是武汉三镇的最佳景观。龙王庙公园附近还有龟山、白云阁、黄鹤楼、晴川阁等著名景点，共同构成了具有湖北特征的景区，反映了湖北自然和人文的风貌，充分展示着湖北的灾难文化精神。

第三节 水 乡

湖北以"千湖之省"著称，烹饪原料也具有水乡的特色。从菜品上来看，湖北菜的烹饪原料以水产品居多，最有名的当属湖北的鱼鲜类原料，其中常见的淡水鱼类达50多种。

一、江湖风味

湖北菜肴风味具有浓郁的江湖特色，主要体现在两个方面。第一，湖北位于中部地区，历史悠久，省会城市武汉是重要的内陆港口码头、近代工业的发源地之一。汉正街自古商贸繁华，对外交流频繁，各路生意人士纷纷来汉口谋生发展，自此也顺便把各自家乡的风味菜肴带到武汉来。在长期的发展过程中，各类江湖人士齐聚一堂，各类江湖文化熔于一炉，各类江湖菜肴在这里发展演变，因此使得湖北菜系具有兼容并蓄、开放、大气的特殊江湖特点。比如武汉的小笼汤包最早源于镇江，被一些来自镇江的商人带到武汉，经过演变创新而成，这一点就很好地证明了湖北菜肴的江湖气息。第二，湖北地区自古水网密布，河湖纵横交错，长江穿省而过，这让湖北饮食无论从烹饪原料的选择上还是烹调方法上都体现着浓厚的江湖水乡特色。比如，湖北地区的鱼类菜肴品种就高达数十种，当地人还善于把鱼做成各种主食类菜肴样式，著名的有荆沙鱼圆、鱼糕、云梦鱼面等。鱼鲜类食物原材料甚至让湖北的宴席菜肴呈现出别具一格的特色。如湖北的全鱼宴以及吃鱼的各种礼节和讲究，都给湖北的饮食风味标上了深刻而独特的江湖水乡特色。享誉中外的"武昌鱼"，因名句"才饮长江水，又食武昌鱼"而声名远播、家喻户晓。另外，其他产品如螃蟹、莲藕、莲子、野鸭、菱角等烹饪原料也充满了江湖气质。除此之外，在烹调风格上，湖北厨师善于制汤，著名的有排骨藕汤、鲫鱼豆腐汤、鱼圆粉丝汤等。近代以来，湖北因其重要的政治经济地位使得鄂菜又得到了进一步的发展。

湖北菜大到名菜，小到乡野小吃都充满历史故事性。一些名人故事更是给湖北名菜蒙上一层神秘的面纱。例如，东坡肉是苏轼被贬至黄州后所创。苏轼躬耕于东坡，自号"东坡居士"，其人不仅在诗词歌赋上有很深的造诣，并且十分平易近人，还喜欢结交友人、研究菜谱。有一次，苏轼约朋友来家中下棋，兴致正浓，不料忘记锅里正在烹饪的五花肉，到想起时煮肉的水已烧尽，但揭开锅盖时，一阵浓香扑鼻而来。于是他便顺势加入一些调味品将其做成红烧菜，不料这样做出的五花肉十分香软可口，且肥而不腻。当时的黄州猪肉虽价廉，但许多穷人还是吃不起，而且还不善于做猪肉。苏轼体察民情，了解民间疾苦，得此经验后，苏轼便开始研究起如何烹制五花肉来，并且把做菜的技术广泛传授给乡亲，自此东坡肉便在黄州一带流传开来。除了黄州的东坡肉外，随着苏轼的升迁，此菜还广泛流传于苏杭等地，并且都融入了当地的饮食风味元素，但相较起来还是以黄州地区的东坡肉最具原始风味。

武汉热干面与山西的刀削面、北方的炸酱面、四川的担担面、两广的伊府面齐名，并称五大名面。热干面也是在偶然的情况下出现于 20 世纪 30 年代的汉口。有一个靠经营凉粉和汤面为生的生意人李包，平日以小本生意为生，生怕生意赔本。但武汉是个有名的火炉，有年夏天直到傍晚他的面条都还没卖完，他担心面条变质，于是就把剩下的面条用开水煮过摊在案板上，想保存到第二天再卖，但慌乱之中打翻了麻油壶，麻油全都洒在面上，顿时散发出阵阵香气。他灵机一动，索性将麻油与面拌匀留到第二天再卖。没想到第二天客人品尝完此面后无不赞不绝口，问李包这叫什么面，他顺口说出"热干面"。后来经过不断地改进，热干面成为湖北名小吃的代表。这些都体现了荆楚文化中独特的饮食文化，现在游客到湖北游玩依旧必吃热干面、东坡肉等当地特色美食，体味独具魅力的饮食文化。

二、撒叶儿嗬

亲人去世，令人悲伤。然而，却有这样一个民族笑对生死，把丧事当喜事办。这个民族就是生活在鄂西清江中游地区的土家族。千百年来，土家人以独有的舞蹈"撒叶儿嗬"来纪念死亡，表达着土家人独特而又豁达的生死观[8]。

"撒叶儿嗬"的发源地在巴东县，该地是民间流传跳丧舞的故乡。巴东县境内地域崎岖狭长，地势西高东低，南北高地悬殊。崇山峻岭、荆棘丛生的地理环境造就了土家族独具魅力的文化艺术"撒叶儿嗬"舞蹈。在"撒叶儿嗬"的动作中，膝盖必须保持屈膝，显得稳重粗犷、健美有力。这一舞蹈动作源自该地区山高路险，多羊肠小道，因此人们行走时，都是侧着身、顺拐、下沉，由此达到既安全又能负重的效果，从而形成舞蹈中"一边顺"的动作特点。其表现的内容主要有先民图腾、渔猎活动、农事生产、爱情生活、历史事件等，反映了土家人对自己民族历史的回忆及其长期形成的道德意识与是非观念。因土家族世代生活在溪峒纵横、崇山峻岭的山区，长期越涧过水、攀岩背负的生活习惯和劳动方式，形成了"撒叶儿嗬"独特的表现风格。

　　土家族"撒叶儿嗬"是一种传统的仪式舞蹈，村民们聚集在一起，男人们唱歌跳舞，女人们穿着鲜艳的衣服围观助兴，这种活动通常是通宵的。土家族认为人的生死有如四季变化，是自然而然的，享尽天年的老人辞世是顺应自然规律，是值得庆贺的事情。如果有老人去世，他们认为这是升天，叫"白喜事"。因此，无论死者是男是女，也无论死者名望高低，乡邻都要为死者打一夜丧鼓，以此怀念故人，安慰生者。"人死众家丧，大伙儿都拢场，一打丧鼓二帮忙"。后来，"撒叶儿嗬"逐步从丧葬活动中分离出来，成为一种颇具观赏性的土家族群众性舞蹈。

三、洪湖

　　洪湖曾经是全国农村土地革命的中心之一。歌剧电影《洪湖赤卫队》反映了人民群众在中国共产党的领导下与地主恶霸、反动势力殊死斗争的故事。这部歌剧深受各界人士喜爱，在世界各地传唱。剧中的二重唱《洪湖水浪打浪》是流传最广的唱段之一，是歌颂赤卫队打了胜仗的一首插曲。这首歌曲的音乐是从基于湖北天沔花鼓戏和天门、沔阳、潜江一带的民间音乐而创作的，《襄河谣》和《月望郎》是其主要的音乐素材。

　　《襄河谣》唱的是人民饱受洪水之患的悲苦心情。其歌词中有"襄河水呦，黄又黄啊，河水滚滚起波浪啊。年年洪水冲破堤，多少人民受灾殃"的句子，描述了新中国成立前襄河堤岸连年崩塌，给沿河百姓带来了巨大的痛苦。

　　《洪湖水浪打浪》是湖北民歌的象征，歌词中大半都写了洪湖之景，后半段描绘了感恩之情。与同时期的歌剧相比，《洪湖赤卫队》的一个显著特征就是将民间音乐个性化、戏剧化。因此《洪湖水浪打浪》也成为湖北民歌与革命音乐的完美结合。

　　如今，电影《洪湖赤卫队》依旧在洪湖的红色革命根据地遗址放映。随着电影的播放与传播，《洪湖水浪打浪》的旋律在洪湖这片土地上一直传唱下去，经久不衰。

本章小结

　　湖北文化的开放性和兼容性，不仅通过客体表现出来，并且通过依靠主体即湖北人得以体现和实现。湖北文化的主要载体即湖北人，按照通常的理解属南方人；而湖北人用以交际的语言湖北话，却属于北方方言区，也就是官话区。湖北人的服饰，既强烈地受到上海、广州、香港的影响，呈现出明快、活泼、热烈的特点，又保持了北方的稳重、大方、朴素的特点。湖北人的饮食，也呈南北调和、以南为主的样态，如宁波汤圆与北方水饺、大米饭与热干面，都受到湖北人的热爱。在湖北，所谓"南方甜，北方咸，南方米，北方面"的界线不甚分明。

　　本章通过对湖北的自然环境及人文环境进行分析，从饮食、文学、艺术等多个方面刻画了湖北的灾难文化。在肯定湖北文化具有较强的开放性和鲜明的兼容性这两个基本特征的同时，也要看到它还带有某些封闭、保守的因素。至于湖北的不少山区，闭塞状况更是惊人。封闭必然带来保守，在一部分湖北人中，耻于经商、安贫乐道的思想还相当普遍。

参考文献

［1］刘成武，吴斌祥，黄利民. 湖北省历史时期地震灾害统计特征及其减灾对策［J］. 中国地质灾害与防治学报，2004，3，131-136，146.

［2］张军，栾建伟，尚艳. 楚文化、三国文化与湖北文化产业资源开发刍议［J］. 湖北经济学院学报，2007，4，119-123.

［3］刘畅，张敏. 近20年来历史时期湖北灾害研究综述［J］. 郧阳师范高等专科学校学报，2014，1，103-106.

［4］罗小锋. 水旱灾害与湖北农业可持续发展［M］. 北京：中国农业出版社，2007.

［5］刘玉堂，刘纪兴，张硕. 荆楚文化与湖北文化产业发展研究［J］. 湖北社会科学，2003，12，35-38.

［6］王礼刚. 三国文化在湖北提升文化软实力中的作用［J］. 湖北文理学院学报，2012，10，15-19.

［7］郭莹，梁方. 明清湖北人文化性格论析［J］. 江汉论坛，2014，4，117-122.

［8］周黎. 湖北民间舞蹈"撒叶尔嗬"的生态环境意义研究［J］. 湖北社会科学，2011，7，193-194.

第八章 | 秦川雄关

　　陕西古代被称为"秦"，是中国历史上第一个"天府"之地。自古以来，这里发展出诸多"坐拥关中而成霸业"的王朝，如西周、秦、汉、西晋、隋、唐等。由于关中地区历来是王朝的心腹重地，自然少不了险要地势和森严工事的守卫。历史上关中周边重重关隘之中，最为有名的有四座，即函谷关、武关、萧关、大散关，也即所谓的"四大雄关锁秦川，可抵百万大军"。

　　陕西在历史上是自然灾害多发区域，这一地区的自然灾害往往多种多样，且发生时间集中，多种灾害结伴而生，故而陕西的社会经济发展和农业生产受自然灾害的影响很大。陕西位于中国温带大陆性季风气候带，受灾范围大的特点与其地理位置、农业产业结构以及气候变化等客观因素密不可分。近代以来，我国西北地区的自然灾害频繁、严重，各种自然灾害在不同地区的地质和气候条件下，呈现出鲜明的地域性差异。陕西地区自然灾害最为突出的是干旱，并常有其他灾害相伴而生，如冰雹、霜冻等。多种灾害相伴相随，集中爆发趋势明显。但凡灾害之年，陕西的社会生产和生活都会受到重大的打击。

第一节　走西口

我国近代历史上有诸多大规模的移民现象，比较著名的有"闯关东""走西口""下南洋"等，而各种灾难是导致这些移民的主要因素。陕西的各种民俗文化与"走西口"是分不开的。"走西口"泛指山西、陕西、河北、河南等内陆地区的先民为了寻求生存发展，从元代开始"西走度荒"，陆续到广袤的蒙古草原及陕甘地区去开拓的移民现象。清朝康熙年间实施了开边政策，又大大加速了移民进程，最终形成了历史上绵延数百年、规模庞大的"走西口"现象。

"走西口"可以说是内陆居民冲破恶劣环境束缚、外出寻求生存空间的集体行为。广大先民"走西口"，在很大程度上促进了西口地区的繁荣，提高了西口地区的耕地数量与农耕水平，加速了蒙汉文化的融合发展，促进了民族的和谐共处。那么，这些走西口的先民为什么会背井离乡，去遥远的西口地区呢？

一、西口

西北地区位于我国内陆，是我国第一、二级地理阶梯过渡区，自然环境差异很大。因此，各地区因地质和气候条件不同，自然灾害表现出较大的地域性[1]。由于地形地势的不同，陕西境内分为三个区域。北部为干旱区，这一区域主要为黄土高原，河流稀少，降水量极低，以干旱少雨而闻名，历史上频繁发生严重旱灾。据文献和气象资料，近代稍具规模的旱灾都影响到陕北地区。陕北地区的旱灾尤以春旱与夏旱相连而愈发严重[1, 2]。陕西的中部为关中平原和渭水流域，素有"八百里秦川"之美誉。这一区域河流众多，以其灌溉农业闻名于天下。旱灾是这一区域的主要自然灾害，往往于夏季发生。但由于当地较为成熟的灌溉网络，旱灾对农业生产的损害相对较轻。然而，清代中后期，自然生态环境恶化，水利设施年久欠修，人口压力增大，每每干旱发生即演变为重大灾害。陕西南部北边以秦岭为界与关中平原相连，南部则依大巴山与四川相分，地形为独特的高山峡谷区。这一区域虽然有汉水穿行其中，但受山地地形所限，水利设施用于农业灌溉较少。当地的农业生产依赖于自然降水，故而干旱和洪涝灾害影响甚广。此外，这一区域多为高山峡谷，一旦降水集中，雨水汇聚倾注而下，往往形成重大自然灾害。陕西的不同灾难会体现在地域文化中的方方面面。

"西口"的范围有广义和狭义之分，广义的是指陕西省以西的内蒙古等地，狭义的西口特指归化城（现为呼和浩特市旧城）。陕西、山西和内蒙古，三省交接相连，山西和陕西商人坐拥地利，所以早期走西口的多为晋陕之人。在众多走西口的人群中，以陕西籍农民为主流。这一现象的产生与陕西省和西口的地理位置关系密不可分。陕西农业结构单一，都是以农为主的汉民，时逢灾年，陕西的人口只能输出。北边的内蒙古，是面积广阔的草原。陕西主要为黄土高原，降水稀少，土壤贫瘠，而辽阔的草原在以农为生的内地汉民眼中是极具开发潜力的沃野良田。西口地区对陕西人来说，就是一个好地方，所以陕西人占据着走西口的主体地位。

陕西农民以农为生，勤劳踏实，对故土甚为依恋，唯有重大饥荒，才逼迫他们放弃故土，背井离乡走西口。近代以来影响很大的"丁戊奇荒"就是一个典型的饥荒的例子。清光绪二年（公元 1876 年）至光绪五年（公元 1879 年）发生了大旱灾，这次旱灾有持续时间长、受灾面积大、饥荒程度重的特点。一是持续时间长，陕西省大旱了四年。二是涉及范围非常广，山西、河南、陕西、河北以及内蒙古的西部地区悉数受灾，陕西是重灾区。三是饥荒程度严重，饥荒时大量灾民饿死，河曲当地有"河曲保德州，十年九不收，男人走口外，女人挑苦菜"的说法。众多陕西灾民背井离乡流散到塞外等地走西口，形成一股"走西口"的人口迁移风潮。

田土相连也是促进陕西人走西口的一个重要因素。距离口外非常近的口内农民或者边防军人，他们利用自身的距离优势，率先在口外开垦，获得了比较好的收益。之后，口外开垦的消息逐渐传向内地，农民逐渐被吸引过来，慢慢向北挺进。随着时间流逝，一些人认为长时间来回奔波距离遥远，旅途疲惫，不如在口外安家落户，于是就此定居下来，很长时间才回一次老家，西口外的住宅变成了他们的新家。"丁戊奇荒"导致的大规模的"走西口"不仅促进了西口地区的土地开垦，增加了西口地区的人口，也产生了娱乐性的民俗文化，最具代表性的有二人台和河曲民歌。

二、二人台

二人台是富有浓郁区域特色的地方曲艺曲种。这一艺术形式流行于晋绥蒙地区，表演形式简单，节奏轻快。一台戏为两人对唱，兼具舞蹈、动作，十分类似东北地区的二人转。二人台最为常见的是由男女二人分饰丑角、旦角，或同为小旦。内容多为农民的家长里短，青年男女的眉目传情。演出时多以笛子、二胡、三弦及扬琴等乐器伴奏。百姓多将这种表演方式称为"小调""清唱"[3]。

二人台是西口文化最直接、最具体的代表，二人台离不开西口文化，是西口文化促使了二人台的诞生[4]。在"走西口"的过程中，人们自然而然地将故地的秦腔、晋剧、社火、秧歌以及"打坐腔"等作为对家乡的思念及流散他地的生存手段而带到了口外。"打坐腔"是极具地方特色的表演方式，这种表演形无定式，简单明了，一些能拉会唱的人，在欢庆聚会或者劳作余暇，进行演唱以烘托气氛或缓解疲劳等，地点不限，往往就地而为，牧场、田地、院落等均可。此外"打坐腔"克服了蒙汉不同民族的语言障碍，广受蒙汉人民的欢迎。二人台的表演形式由"打坐腔"演化而来。当时经济水平低下，交通不便，而统治者也剥夺了劳动人民的文化娱乐需求，对百姓处以物质与精神的高度控制，百姓少有娱乐机会。这种高压统治，使得人们在农活之外唯一的娱乐项目就是自娱自乐，结合生活情景编唱自己的歌曲，进而逐步产生了山歌文化。当人们仅通过山歌无法全面表达自己的思想感情时，就会逐步地吸收、增加叙事和说唱，故事情节也越发完整、复杂，"打坐腔"

由一人演唱逐步发展为二人对唱的形式[5]。除此之外，这种演唱又受到晋陕歌舞的影响，除了二人对唱，又融合了当地俗语、歇后语、曲艺、窜话、地方戏曲等多种艺术样式。在内蒙古这样一个"五方杂处"的移民汇聚区，二人台融合了多种地方表演艺术而形成新的艺术形式。黄土高原的恢宏刚毅与蒙古族的草原文化造就了二人台辽阔、朴实、粗犷的特征，体现出了二人台与当地自然环境的交融。

二人台的剧本大多数以爱情为主题，其次就是生活类的主题，剩余还有以历史题材为主题的剧本。盼望等待郎君的单相思题材又占了爱情主题的很大部分，如《惊五更》《绣荷房》《尼姑思凡》等，讲述的就是丈夫或心上人在西口外做工，因为条件艰苦，自然环境恶劣，女子十分担心心上人的处境，表达对心上人的思念之情。这些剧本大都取材于"走西口"中的艰辛与磨难。

二人台表现的是贫苦的劳动人民在生活重压和残酷的自然灾害面前对温饱问题和甜蜜爱情的渴望。二人台这种艺术表现形式在外人看来是唱剧，是民歌。而在广大劳动人民看来，那不光是"唱戏"，那是他们生活的一部分，是他们苦累劳动之余重要的精神文化生活方式，是一种非常好的精神发泄方式。民谚有云："宁可三天不吃饭，也要看二人台"，足见二人台在西口地区人们心中的重要性。

三、《西口在望》

《西口在望》是一部纪录片，摄制组历时半年，行程 20000 千米，辗转内蒙古、陕西、山西、河南、北京、天津等地。该片遍访历史、社会、民俗等各类专家学者以及"走西口"亲历者及其后人等民间人士 500 余人。《西口在望》意图用最真实的镜头、充满思辨的语言、独具匠心的视角，以历史为基点，探寻延绵百年"走西口"背后的真意，解读"西口文化""西口精神"的文化演变与时代新意，挖掘"走西口"的历史进程中所蕴含的人性以及展现历史浪潮中个人的生命与情感的跌宕。《西口在望》纪录片共 15 集，每集约 30 分钟，深度记录和解读了走西口文化，体现了当代对于西口文化的思考。片中记录的民间依旧热闹的二人台、淳朴的民歌、地道的莜面等无处不体现了西口文化在当今社会的延续。《西口在望》以最为真实的影像，客观记录现阶段的西口地区民俗民乐，对于西口文化的研究而言是一个宝贵的资料库。

四、河曲民歌

河曲民歌和西口地区的二人台一样，也是最能反映"走西口"文化的艺术表现形式。由于每家的壮丁都几乎需要去口外打短工以谋生，留在家里的妻子不免会产生思念丈夫的心思，由此便逐渐形成了"走西口"民歌，当地人称之为"山曲"。山曲的用词规整，曲调使用了并置、对比、呼应等两句体，旋律优美、节奏明快，具有很高的美学取向，是我国难得的非物质文化遗产。

河曲民歌涉猎的内容广泛，因为脱胎于民间，故而内容直接、直白，看见什么唱什么，表达感情真挚、真实，想要什么唱什么，极具生活性与随意性，处处体现着劳动人民的智慧与风趣。"走三步来退二步，牵魂线把你的腿拴住，你看看我来我看看你，难说难道咱们俩个难分离"，"长脖颈骆驼细绳绳拴，哥哥走了我好孤单，再不要你想来再不要你哭，谁家的亲亲能长守着"。这些民歌出自《拉骆驼》，讲的就是家里因为饥荒难以维持生计，男人要去走西口，临行前妻子对男人难以割舍，鼻涕一把泪一把。因为男人要当"雁行客"，既"春去秋归"，男人与女人将要一别好几个月，且生死难料，所以当男人远行时，都会出现如民歌中撕心裂肺的场面。民歌反映民间饮食文化的也相当多，"半斤莜面推窝窝，挨打受气为哥哥"，"猪油软糕包白糖，不如娘家下糠窝窝香"，"沙梁沙洼好地脉，海红红是咱好土产"，"妹妹不想吃干凝凝粥，我给妹妹熬上那二不溜溜不稠不稀清个沾沾酸稀粥呀亲亲"等。在河曲及其附近广阔的西口地区，人民生活的日常主食常见的有豆面、莜面、山药蛋等，歌曲里的海红果是当地有名的土特产。莜麦面做法简单，可塑性强，勤劳的人民推陈出新，一种食材有多种做法，有名的有推窝窝、猫耳朵、捻鱼鱼、卜烂子等。在吃莜麦面时河曲人民多辅以酸菜汤、盐水汤、羊肉汤等调味料。极具河曲民间地方特色的美食浆米饭，在人们生活中也广受欢迎。

第二节　面　食

不同地域的人们，在面对自然灾害时总会顺势而为，采取不同的方式应对，因而也产生了具有区域特点的独特文化。在古代，人们的生活方式尤其受到地理环境、气候因素、动植物资源等自然条件的影响。一个区域的文化产生即根植于这一发展进程之中。人们在适应自然环境的过程中同时也不断适应社会环境。对社会环境的适应与调整也不断影响着人们对当地自然环境的改变与影响。陕西频发的自然灾害和苛刻的种植环境，使得当地农业优先选取能够耐旱、耐寒的农作物品种，典型的有小麦、粟黍、玉米、高粱等。每个地方饮食文化的形成都要经历相当长的一个过程，饮食习惯与当地的物产资源密不可分，陕西的自然环境造就了面食文化的产生。

一、黄土与面食

陕西远离海洋，身处大陆内部，地理环境以黄土高原为主，土地贫瘠，经流此区域的水系较少，储水量不高。陕西处于东亚季风区边缘，季风性大陆性气候显著，空气干燥，降水稀少。春夏时期，河流上游水流不足，时常干涸，大小旱灾极易发生，故有言称"十年九旱"，这种自然条件使得耐旱作物广布山区。历史上，早在周代这里就形成了以五谷为主的农业生产模式。陕西地形复杂，交通不便，自古以来这里多以自给自足的自然经济为主。在这样的环境下，当地的食物来源有限，多为小麦、粟黍、玉米等杂粮，饮食模式只能形成独特的面食文化。面食文化的不断深化、扩展也影响农业生产不断呈现杂粮种植的趋势[6]。此外，陕西地处我国中北部，秋冬季节气候寒冷，对食物的需求以温热为主，面食正好能满足这一需求。一碗之内既有主食也有副食，烹制方便按需盛取，随时添加，不限于繁复的饮食礼仪。面食制作无定式，简单易做，忙时稠、闲时稀，资源利用率高。在勤劳的人民的努力下，同一材料不同形式，种类繁多，形成了辨识度极高的地方面食文化。

陕西独特的环境使得面食一旦扎根其间，势必影响深远。现今陕西的面食，种类可达 1000 余种，而常见于百姓生活的面食就超 50 种。煮、蒸、烤、炸、煎等烹制方法分门别类，样样俱全，面食形式纷繁复杂，令人目不暇接[7, 8]。单就寻常百姓家的食谱，如若刻意安排，仅是面食都可以做到吃一个月不重样。娴熟的农家妇女将用白面、小米面、高粱面等和成的面团，或用擀面杖擀、压，或施以刀削，或直接双手拨、抿、压、搓、拉等，再淋上不同的浇头，即可呈现花样繁复、色香味俱全的面食大餐。而今闻名的岐山臊子面、裤带面等无一不体现了陕西劳动人民对面食的创造力。

面食文化在我国广泛分布，上古时期就已经有"炎鞭百草，稷教稼穑"。用面做的"尧王饼"被誉为华夏第一饼，考古发现的喇家面条更是为源远流长的面食文化提供了实物证据。种类多样的面制品在各地传播，形成了内涵丰富的中华面食文化。陕西的面食结构具有突出的地方特点，这里的面食并无明显的主副食区分。除面食材料来源相对较少外，这里干旱少雨、蔬菜难以获取也是形成这一特点的重要原因。除少数的几个蔬菜品种，在古代这里蔬菜属于奢侈品。因此，在一般百姓人家的食谱中，菜饭或汤饭合一成为最优选择，如羊肉泡馍、臊子面等[6]。虽然现在老百姓的生活有极大改善，但因一直受传统食俗观念的影响，陕西人仍然会吃传统的面食。

陕西人喜好面食尤其是汤食的习俗由来已久。陕西绝大部分地区为黄土高原，常年干旱风大，百姓"日出而作，日落而息"。劳动人民长久地"面朝黄土背朝天""汗珠子摔八瓣"耕作，水分流失大，并且少有机会空出时间喝茶、饮水补充水分，流失的水分全靠饭菜的汤水补充。此外，陕西人过去蔬菜不易得，饭菜又多以盐、醋调味，口味偏重，少菜多盐使得身体对水分需求增大，所以汤食成为广受欢迎的饮食习惯。

二、《白鹿原》

小说作为一种意识形态，是用艺术视角的形式来反映社会存在。文学和社会状况也有着亦步亦趋的关系。社会状况为文学提供素材，而文学源于社会状况但又高于社会状况。因此在陕西的地域文学作品中必然有面食文化的体现。例如陈忠实的《白鹿原》就有关于面食文化的丰富描写。

陈忠实的《白鹿原》在前五章写了白鹿原娶妻生子、生产劳动、社会组织的常态，从第六章开始描写六个灾难境遇。第一个境遇是改朝换代，第二个境遇是白腿乌鸦兵围城，第三个境遇是农民运动及国共分裂，第四个境遇是年馑与瘟疫，第五个境遇是抗日战争，第六个境遇是解放战争。通过这六个境遇描写，《白鹿原》展现了面对自然灾害和战争灾难，个人的斗争方式与群体的斗争方式有怎样的区别与冲突，这些斗争又如何在文化中保留下来成为地区特性的一部分。

《白鹿原》有着直面灾难的姿态，蕴含着丰富的灾难命题[9, 10]。《白鹿原》被认为是"寻根文学"，所要寻的"根"主要是中华民族精神和心灵的本源。作品以"德"的人格追求为核心展开的寻根性思考，深入揭示出传统文化所展现的生存悲剧性。它以关中人的生存为大的文化背景，透过一个个鲜活的人物展现了粗野朴实的乡村习俗和慎独隐忍的儒家精神。《白鹿原》为中国当代现实主义文学创作设置了一座难以逾越的高峰，固守着历史的混沌性和丰富性，使这部偏重于感性和个人主义的历史小说既成为一部家族史、风俗史以及个人命运的沉浮史，也成了一部具有浓缩性的民族命运史和心灵史。

陈忠实出生于陕西省西安市，一生笔耕不辍。他笔下的世界，生活气息非常浓郁，人物的思维方式和行为方式均鲜明地体现出那个时代的生活特点。《白鹿原》取材于陕西关中平原上的"仁义村"白鹿村，借由村中的白姓和鹿姓两个家族三代人的恩怨纠葛，展现白鹿原七八十年的人情世故和社会变迁。全书浓缩了深沉的民族历史内涵，蕴含着深厚而又真实的陕西饮食文化。

《白鹿原》中有多处情节描写了极具陕西特色的饮食习俗，而面食小吃更是着墨甚多。用以祈求生活美满、生活富足的合欢馄饨；羊肉泡馍与秦腔戏作为当时闲适、满足的生活标准；罐罐馍是穷人的奢侈品，却是财东家给牲口的偏食；水晶饼用味道让儿时的黑娃对关穷家子和财东娃有了最深刻的认识；简单的小米粥和烤馍片就让坐月子的白灵感到久违的温暖，动情地说："我就认你是亲妈"。

在陕西面食习俗中，《白鹿原》尤其钟爱臊子面，文中两次对其进行详细描写。一次是白灵与鹿兆鹏在进行地下工作时。情节设定二人以夫妻身份掩护革命工作，而为了迷惑敌人，白灵按妻子的身份做日常家务。白灵给鹿兆鹏做的第一顿面食就是臊子面。手擀长面在白鹿原有着吉祥的寓意，尤其在长者生日诞辰，丝丝长面也是长寿的象征。这一面食多于长者寿辰、新婚燕尔、婴儿百日等欢庆活动时上桌，是幸福生活的象征以及对未来美好的祈愿。文中当白灵将满覆臊子浇头的手擀面送给鹿兆鹏时，害羞地说："碱放多了，我今日头一回捉擀杖。"鹿兆鹏将浇头搅拌，看着本该白色的黄面条，知道碱面放的不少，他仍然筷子一挑，猛吃一口："瑕不掩瑜。长嘛可是够长的，筋性也不错，味道嘛还是咱原上的味道。"身处险境的地下革命工作者，吃到虽然不比母亲做的臊子面，但终究是家乡的味道，是对故土的最直接的眷恋。长面的寓意更让鹿兆鹏吃出了对革命工作的坚定以及对未来生活的美好憧憬。臊子面的第二次出场是在白孝文祭奠先祖时。虽然因自己的颓废消沉而被逐出家门，但是浓浓的面香让他明白骨肉恩情永远无法割裂。

白鹿原上的人们每日的饮食种类丰盛，白面馍馍、豆面馍馍、玉米面馍馍、杂粮馍馍、烙锅盔等面食配上小米粥、苞谷糁子，或者直接一碗臊子面，都能吃出生活的满足感。主食之外一碟萝卜丝或者配上爽口下饭的油泼辣椒和五香蒜泥更是吃出了黄土高原上人们的豪爽与酣畅。《白鹿原》用真实的美食细节，贯穿于小说各个章节，让历史人物的恩怨情仇不再那么冷酷，处处透露着生活的温暖，引导小说的结局走向坚定而充满希望的新生活。

三、《平凡的世界》

《平凡的世界》围绕孙家兄弟孙少安和孙少平展开，细腻记录我国 20 世纪 70 年代中期到 80 年代中期的社会变革。小说作者路遥用生动直白的语言，将当时城乡居民在社会潮流裹挟下的生活刻画得丝丝入扣。《平凡的世界》将"吃"融入作品当中，充分反映了陕西的饮食文化，尤其是面食文化。书中描写了大量有特色的食物，如面馍、馒头、花卷馍、烙饼、烧饼、油饼、面条、荞面疙瘩、烩菜、羊杂碎、钱钱稀饭等。

陕北人民以面食为主，面食材料简单但是种类繁多，虽做法不同，但大体上分为面馍和面条两大类。面馍按照制作工具的不同又分为蒸馍和烙馍。蒸馍的代表是馒头、窝头和花卷馍，烙馍的代表是烧饼和烙饼。"润叶把盘子放在方桌上，然后把一大碗猪肉烩粉条放在他面前，接着又把一盘雪白的馒头也放在了桌子上。""他们默默无语地相跟成一串来到食堂。一人发一只大老碗。一碗烩菜，三个馒头。"烩菜，尤其是猪肉烩粉条是陕西乃至整个北方地区的一大特色食物，猪肉的香醇油腻加上粉条的嫩滑爽口，二者互补造就不同一般的美味。烩菜制作也非常方便快捷，同时也不需要再做其他菜品，每个人一碗猪肉烩粉条加上几个馒头或者烙馍烧饼，一顿饭就解决了。

"王满银原来准备在举行婚礼这一天再来，但也在前一天的晚饭前赶到了。因为按老乡俗这晚上有一顿荞面饸饹。""其实，奶奶一顿饭也吃不了多少；每一顿饭，母亲给她老人家做一小碗细面条，她都吃不完。"这些都是对陕西面条的描写。面条是陕西人日常生活中最省事的用以填饱肚子的主食，也是当地人们生活中最爱吃也最常吃的面食之一。擀面手艺在以往是评价当地女性是否贤惠的一个重要标准。新入门的媳妇总要亲自做碗手擀面呈给夫家，故而新婚之前，未过门的媳妇们总要找村中长者好好学习擀面手艺。陕西人除了爱吃面条,还喜欢吃面片,即手擀面、饸饹、荞面饸饹等。

"三家人的院子里飘散着油糕和小炒猪肉的香味;饸饹床子咯巴巴价响个不停。"油糕,有地方称炸糕、枣糕,是陕西有名的风味小吃之一。油糕多用碾细的糜子面包裹蒸煮捣碎的大枣,于油锅中煎炸,外酥里糯,香甜可口,深受老少欢迎。"糕"是谐音"高",在我国民俗中多有"言必有意,意必吉祥"的说法,而"糕"则暗含了人们对于生活步步高升的美好追求。因此在陕西无论逢年过节还是婚庆寿诞,油糕是不可缺席的美食主角。

第三节 黄土高原

黄土高原历经了几千年的沧桑,形成了千沟万壑的黄土塬地貌。虽然这里自然条件较差,但这并没有影响它是华夏文明的发祥地之一,黄帝陵、秦始皇陵、兵马俑、汉阳陵、唐乾陵——中国历史上一些最强盛的封建王朝统治者都埋葬在这块黄土地上。昔日的辉煌虽已成过眼云烟,但是帝国之气的恢弘仍旧存留在黄土大地上。生活在千沟万壑、雄奇险峻的黄土高原的人们,在与自然的抗争中也形成了豪迈爽朗的性格。不服输的劳动人民更是运用奇思妙想,开发出顺应自然的"黄土建筑",将窑洞的优势发挥得淋漓尽致。

一、黄土建筑

窑洞的产生是黄土高原独特的地理环境所造就的,它是人类适应自然环境的优秀范例,是黄土地貌特有的民居方式。窑洞与陕北农民密不可分,敦厚的劳动人民通过窑洞的创造表达着独特的生活追求。它不只是房屋形式,更是人民生活的象征。窑洞文化可谓陕北最为乡土的民俗。窑洞在陕北人民的不断改造、发展下,已然成为一种超脱生活的艺术。窑洞所蕴含的人与自然和睦共处、顺应自然、改造自然的哲学,即使现今仍值得人们学习。窑洞的建造所需材料不多，独特的自然环境与黄土构造，使得窑洞易于取材，建造方便。窑洞建好后坚固耐用，洞内冬暖夏凉，便于生活。黄土高原上的先民修建窑洞已有数千年的历史，到了抗日战争时期，中国共产党在陕北窑洞里运筹帷幄，领导全国人民建立了红色政权，给古老而又淳朴的窑洞文化添上了浓墨重彩的一笔。新中国成立后，无数先烈前赴后继守卫的延安，是我国重要的爱国主义教育示范基地，窑洞也见证了革命先烈为了追求理想，抛头颅、洒热血，以生命造就新中国的伟大史诗。惨痛的历史教训、奋斗不屈的革命精神、历久弥新的窑洞文化为新时期的众多年轻人提供了奋发向上的动力[11]。

窑洞规模不一，从建筑的布局结构形式上划分可分为独立式、靠崖式和下沉式三种。第一种独立式窑洞。独立式窑洞一般称为箍窑。箍窑为拱券顶，基墙中心为土坯，外抹有草拌泥。顶外堆土斜平呈双面坡状，并用草拌泥抹光。依据家庭经济状况，富裕人家会用青瓦覆檐以保护木质椽子。这种构造使得窑洞从远处看像是平原地区的砖瓦房，而当人们走近，才可清晰确认其为窑洞。因拱顶所用材质不同，部分使用石条箍顶的窑洞称为石箍窑。箍窑对山崖依赖性低，可独立存在，但也保留有窑洞冬暖夏凉的特性。第二种窑洞为崖窑，这类窑洞需要依靠山崖。具体根据依靠地形的不同分为靠山式和沿沟式。这类窑洞因依地势而建，故多呈曲线或折线密集分布。窑洞与地形和谐共处，体现了人与自然和谐的建筑理念。得益于黄土的直立性，在山坡或崖壁足够高时，可上下依次建造多层窑洞，与平原地区的楼房十分近似。第三种窑洞处于地面之下，即下沉式的地下窑洞。这类窑洞也是受自然条件限制，多见于黄土塬。黄土塬类似小范围的平原，这一区域没有山坡、崖壁。地下窑洞顾名思义建造时需向下挖掘。选定建造区域后，向下挖掘地坑，即是庭院，再在挖掘出的四壁掏洞修建窑洞。整体看似将四合院整体下迁，故下沉式窑洞又被称为"地下四合院"[11]。这类窑洞具有一定隐蔽性，平地看去只能看见长出院落的树梢而不见人们居住的房屋，也是别具地方特色。

黄土高原地区气候干燥少雨、冬季寒冷、树木较少的自然条件，为冬暖夏凉、节能经济、不需木材的窑洞创造了发展和延续的契机。同时，陕西地区极易发生旱灾、雹灾的气候状况也为窑洞的产生创造了机会。黄土高原的直立性强，土壤颗粒细密，渗水性差，这一特性保证了窑洞建造的安全性和可行性。窑洞的三种形式，正是劳动人民依据不同的自然环境、地形地貌结合本地风土人情而因地制宜的产物。

陕西的窑洞处处体现着人与自然的良性发展。整个窑洞的建造所用材料无不是简单易得的自然资源，建造方便，造价低廉，对生态环境没有破坏。不同于平地建房，窑洞的建造多为向内、向下挖掘，对地形地貌没有破坏，对于地下空间的开发无疑提高了土地利用率。这样既不会破坏当地脆弱的植被，更可以综合利用土地资源。由于窑洞多隐于地表或地下，良好的黄土保证了热量的聚集以及内外空气的合理交换。寒冬季节，丰富的地下热能又被土壤保护，使得窑洞冬暖夏凉，这对当地人民提供了良好的过冬避暑之地。综合来看，窑洞的生态建筑原则、天然节能建筑理念即使放于当代也值得称道[12]。

二、剪纸与炕围子画

窑洞贯穿于陕北人民生活的方方面面，随之而来也发展出许多极具地方特色的窑洞文化，其中广为人知的便是剪纸。剪纸虽然形式简单，但是其内容栩栩如生、活灵活现，令人叹为观止。剪纸在陕北人民的生活中随处可见，依据它们所用位置可以分为窑顶花、炕壁花、窗花、神龛剪纸以及婚丧剪纸等。剪纸又有不同形式，剪纸的制作多从纸张的折叠开始，故而可分为团花、串花、对花、弥花、散花、堆花等。各种各样的剪纸经过组合搭配可用于不同场合，可以说剪纸为人民生活增添了色彩，在单调的黄土环境中点缀出令人欢欣的亮色。

剪纸形式简单，但却包含着黄土高原上人民的审美与艺术表达。剪影的构图与汉代画像石有着异曲同工之妙。剪纸的造型多取材生活，细节生动，并对部分特征夸张表达，给人以充实而圆润的感觉。线条多为直线，间有曲线点缀，象征性强。这种简单直接的画面与构图充分反映了陕北人民的豪爽奔放。剪纸是旧时人们调节单调生活、改善居住环境的手段，后来，剪纸艺术在工业化和城市化的挤压下逐渐淡出人们的视野。而今，地方政府已经意识到剪纸是中华民族珍贵的非物质文化遗产，开始逐步弘扬、复兴剪纸文化。政府组建剪纸协会，联系民间艺人，并对剪纸的内容进行改变，设计出适应新时代的题材。曾经几近没落的剪纸文化重又焕发新生。不断发展的网络、传媒业助力剪纸市场的开发，使得陕北地区的剪纸艺术走出国门，走向全世界。

窑洞文化的另一个代表是炕围子画。顾名思义，炕围子画就是装饰于炕四周墙壁上的画，类似于现今的墙纸。炕围子画一般用黄色、天蓝或粉绿打底，外部画以边框，边框内等距分以不同的开光，开光内绘有花鸟鱼虫、风景、人物等，这些图案多具吉祥安康的寓意。炕围子画的出发点是实用性。一方面炕围子画可以避免被褥与窑壁直接接触，保持被褥和炕面的整洁。炕围子画生动的图案又可美化窑洞室内环境，缓解黄土的单一视感。吉祥的图案既是对未来生活美好愿景的期盼，也是驱邪避灾的家庭保护符。炕围子画已发展出不同形式，从在墙壁上直接作画发展出炕围纸、炕围布。现今，陕北人民在春节前夕打扫完窑洞后往往会更换新的炕围子画以寓意除旧迎新。新修窑洞或者翻新炕都要重画炕围子，以表达生活的新开始。新人婚庆的新房也多要把炕围子翻新，并饰以夫妻和谐、早生贵子的吉祥图案。可以说炕围子画是与人们生活关系最为密切的窑洞文化。

说到炕，最先想到的就是东北，其实炕作为一种非常必要的生活设施在北方地区是很常见的，陕北的窑洞里当然也少不了炕。炕是用土垒成的，就叫作土炕，它其实是发挥了床的作用，只不过炕具有发热的功能。土炕的建造多选择邻窗而建，并且土炕多三面靠墙，在以坐南朝北的房屋中多为东西向。土炕较之一般家庭的床要宽大，土炕不单是床，有时也兼具会客厅的功能。土炕内部中空，用土坯或泥砖砌出弯曲的烟道，烟道成排均匀分布于土坑内。烟道互通，一端连于外屋的锅台，被称为炕头，另一端则直通烟囱，这一端被称为炕梢。冬日依靠做饭时柴火的热量，经过曲折的火道可对土炕进行加热，夏季封堵炕头即可。陕北的冬天寒冷，昼短夜长，炉子里烧柴火，冒出的烟从炕头进入，在炕里曲折的缓慢经过，从炕梢进如烟囱，使得土炕加热，一家人睡在偌大的热炕上，外面是呼啸的冷风和漆黑的夜，也是美滋滋的。土炕是一个陕北人家必不可少的，土炕承载了太多陕北人的感情，不仅温暖了一代又一代陕北人，更濡染了世世代代陕北人的心。

三、窑洞与散文

窑洞文化作为一种文化现象，是陕西人劳动和智慧的结晶。长期以来，陕西这片土地不但产出了充裕的五谷养活一方百姓，而且以黄土高原上并不富饶的水土养育了一大批作家、学者。他们流淌着黄土高原的血脉，守护着自己的精神家园，将这一方土地上不为人知的故事讲述给这个世界听。作为陕北地区的住宅典范，窑洞被赋予了更多意义。对于陕北人来说，窑洞承载着乡愁及无尽的记忆，许多作家都曾在作品里写到过它，这也使更多的人对窑洞文化充满了好奇。

陕西籍作家齐延琨曾写过散文《窑洞记事》，内容是 20 世纪 60 年代末他作为下乡知青在窑洞里的所见所闻，以下就是两段节选：

> 黄土高原的偏僻村庄里，有一个土墙围着三孔窑洞的院子。在这里，窑洞与我朝夕相伴，度过了五个春秋。窑洞就地取材，修筑坚实，几乎遍布整个黄土高原乡间村落。它像大桥的一排排洞孔，高高弓起，顶尖翘起，看似要压下，实则牢固结实。住进陕北窑洞，冬暖夏凉；住进窑洞，给人温暖和清爽。

> 初来乍到，我们三女两男，大锅饭一起吃，工分一起挣。住在窑洞里，大家倒也平安。随着形势的发展和政治环境的改变，还有知青男

女年龄的增长等诸多因素，我们知青在队上插队落户的格局逐渐由"部落"分化为"家庭"。

作家董晓琼也曾写过名为《窑洞》的散文，字里行间流露出对窑洞的喜爱。在董晓琼笔下，窑洞已然和当地人民的生活密不可分了，成为了一本当地的民俗教科书。文中回忆了参观窑洞的所感所思：

> 起风了，风吹着树叶和芨芨草沙沙作响，此时大自然的语言中，我想应该也有窑洞的话语，也许，它们也像曾经夏夜里人们坐街拉家常一样，说叨着村子昔日的繁华，人们日出而作，日落而息，村巷里，乡亲们来来往往，微笑着的，打招呼的，农家小院前，老人们边聊天边悠闲地做着各类针线活儿，孩子们围绕着，打打闹闹跑跳着，日落时，伴着夕阳的余晖，人们扛锄牵牛，或赶着羊群，悠缓地走着回家，晨光或晚霞中，每一户的窑洞上，炊烟袅袅……但现如今，这更多的，都成了回忆；也或许，那些窑洞是在倾诉，倾诉着一种对乡村的担忧，倾诉着一种对农耕文明的担忧，倾诉着一种对未来的担忧。

作家贺敬之曾在诗歌《回延安》中采用陕北"信天游"的形式来抒写诗人回到阔别十年的延安时的喜悦之情，其中也写到了陕北的窑洞：

> 米酒油馍木炭火
> 团团围定炕头坐
> 满窑里围的不透风
> 脑畔上还响着脚步声
> 老爷爷进门气喘得紧
> 我梦见鸡毛信来
> 可真见亲人

　　亲人见了亲人面

　　双眼的眼泪眼眶里转

　　保卫延安你们费了心

　　白头发添了几根根

　　窑洞文化也总是与烈士、红色、革命等内容联系在一起，《回延安》就是一个很好的例子。姜安还曾写过长达 44 万字的报告文学《三十七孔窑洞与红色中国》，表现革命年代的窑洞给中国共产党提供了一个遮风挡雨的地方，从窑洞中滋养出了伟大的延安精神。难怪有人说，"陕北的窑洞也是姓马克思主义的"。

四、《大秦帝国》

　　《大秦帝国》系列电视剧是依据作家孙皓晖同名小说改编的长篇历史剧，目前已推出三部，分别是《大秦帝国之裂变》《大秦帝国之纵横》以及《大秦帝国之崛起》。该系列电视剧取景于战国时期诸侯纷争、秦国励精图治由弱变强并纵横捭阖争霸六国而统一天下的历史背景，不仅讲述秦国的兴起，也展现了它的覆亡。全剧以秦国为视角，为观众呈现了战国时期豪杰频出的恢弘气象。

　　秦国从一个西部小国逐渐发展为大一统的集权帝国，很大程度上是由它的地理环境和当地的自然灾害决定的。首先，由于秦国地处西北，纬度较高，温差较大，且经常与西部的少数民族交战，使得秦国的士兵普遍体格魁梧，作战勇猛。秦军以骁勇善战著称，被称为"虎狼之师"，在秦国吞并六国的战争中发挥了不可替代的作用。秦国的民族组成复杂，以血统纯正的秦族为主，此外周边受其影响而归顺的少数民族，流散秦地的中原民众以及秦人与少数民族、中原人与少数民族、秦人与中原人的混血后人也是秦国人口的重要组成部分。由于多战乱，秦国鼓励生育。与中原地区强烈的排他性和"华夷之分"的偏见不同，秦国以包容的心态对待少数民族。除了重用少数民族的才俊，还允许少数民族与非少数民族通婚，并承认其子女合法的秦人身份。商鞅变法之后，秦国全民皆兵，人口的数量不断增加，人口的质量也越来越高，兵源越来越充足。

秦国地处黄土高原，环境复杂且恶劣，加上地处西北边疆，与少数民族地区接壤，战事较为频繁。少数民族在战斗中经常使用骑兵出奇制胜，秦人就积极学习敌人的长处，在统一的过程中所向披靡，战无不胜。秦国人养马的历史悠久，秦人祖先大费"佐舜调驯鸟兽，鸟兽多驯服，是为柏翳。舜赐姓嬴氏"。秦人善养马，原因与秦人长期生活的地区密切相关。养马需要大片土地作为牧场，并提供优质的饲料，从这方面来看，秦国有着独特的优势：秦国国土大部分位于黄土高原，都是宜农宜牧地区。秦国早期崛起之地犬丘，现今甘肃省天水地区，已然是草场广阔、水丰草美之地，具备蓄养牲畜的天然优势。

除此之外，由于与少数民族交流频繁，秦人的语言系统也极有特色，也算是因为战乱而形成的一种独特文化。秦国西北方言区，其腔调因地而变，发音咬字重，声短促，调低沉。由于历史文化积累，部分关陇方言多由古文转音而来，例如"没有味道"说为"寡淡"，"吃饭"为"咥"，"说话"叫"言传"，"合适"叫"谄"，"抽时间"叫"刁空"等。关陇方言词汇中还有不少特殊词汇，如"天旱"为"天干"、"前天"为"前个"、"昨天"为"夜个儿"、"今天"为"今个儿"、"明天"为"明儿"、"后天"为"后儿"、"一段时间"为"一向"等等。

一方水土养一方人，一口方言展一类性格，关陇地区的人们的性格就是在这样的语言体系下形成的：淳朴、正直、热情、忠厚。从秦始皇兵马俑可见，古代的秦人身体壮硕。兵马俑中"国"字型脸最为普遍，不禁让人体味千年前秦人的朴讷温厚和豪爽耿直。秦人思想保守，安于平淡，宽厚而又执拗。他们习惯了靠天吃饭，所以不会钻营地赚钱，只靠着一亩三分地过活。也许是战事频繁，使秦人呆板而严肃，缺乏创新精神，商鞅变法时，商鞅令人重金奖赏迁移木杆之人而无人迁移也反映了这一点。

五、秦腔

秦腔这一艺术形式源自黄土高原,取自生活和劳作中的"喂""诶""哟"等发音,为单调而压抑的生活提供发泄的途径。这些声音也赋予了秦腔高亢嘹亮的风格。反复的比兴手法充斥着一句句绵远的拖腔,方言村语不时点缀,展现了淳朴的高原人民在酷寒恶暑的气候下,虽然对艰辛的生活充满无奈,但仍保留着百姓特有的坚韧与豁达的风貌。

秦腔源于何地、起自何时仍未有定论,学术界有以下几种观点。

"秦代说":根据此说法,秦腔源于秦代。秦腔的唱腔激昂、慷慨,有燕赵慷慨悲歌之遗响。早期的秦腔以此为艺术雏形,并在随后的历史中形成了自己独特的艺术风格,演变成了后来的"秦腔"。

"唐代说":因为秦腔的板式结构与唐大曲已经很接近,而且唐代中期经历了"安史之乱"的灾难后,大量宫廷艺人流落民间,进一步促使了民间音乐的发展,曲子、变文等说唱艺术随之在长安落地生根,都城长安的音乐自然也代表了当时社会的主流音乐形式。

"明代说":此观点认为,秦腔是由西府秦腔演变而来的,而西府秦腔又是在综合"周至腔""礼泉腔"和当地民歌、道唱、佛歌、小曲、秧歌杂戏等戏曲形式的基础上发展演变而形成的。

既然学术界对秦腔的来源众说纷纭,我们不妨来总结下:秦腔成形于秦,演进于汉,盛行于唐,完整于元,成熟于明,广布于清,几经转化,是相当古老的剧种,可谓中国戏曲的鼻祖。现今所提的秦腔在历史上分为前秦腔和后秦腔:将1780年前后史书所见的秦腔定为前秦腔,将1807年前后出现在长安剧苑的秦腔称为后秦腔。

前秦腔源于现今陕西省南部紫阳蒿坪河一带,由汉水流域的本土山歌、民歌、小调综合而成,发音以汉中方言为主,与其邻近的湖北汉调戏相似较多。前秦腔抑扬顿挫,注重节奏,分得出轻重缓急。前秦腔演唱者吐字分明,字正腔圆,以求达到清亮准确、满腔满调的效果。前秦腔演奏以胡琴为主，辅以梆子，使得演奏效果刚柔并济，强劲中不失柔和韵味。

前秦腔的发源地紫阳县位于今陕西省南部，由于地理特征相似，气候与邻省四川别无二致。紫阳县处于汉江上游，南邻大巴山，山脉纵横，山间溪水杂落，气候湿润，温暖宜人。水汽充足、山清水秀的环境使得陕南人民肤白貌美。这里的女子多皮肤白净，身姿绰约，说话清脆婉转；男子文气秀美，温文尔雅。当地人将自然的恩赐用声音表达，使得前秦腔具有音调幽雅、道白柔和、表演传神等特点。

后秦腔，也即现今所说的秦腔，起源地范围包括今陕西省关中东部以大荔为中心的数十县。与前秦腔不同，后秦腔的唱腔高昂激越，宽音大嗓，跌宕起伏，浑厚深沉，悲壮粗犷。尤其是花脸的唱腔，更是以扯开嗓子大声吼为特点，当地人形象地称之为"挣破头"。演奏所用的乐器虽然也是梆子，但是材质与前秦腔中的梆子略有不同，使得其声音更加刚硬、强烈而急促。

与前秦腔类似，后秦腔的风格与发源地的特征密切相连。后秦腔发源地大荔县位于陕西关中平原东部最为开阔的区域，地处平原，气候干旱。沟壑纵横的黄土高原与陕南湿润的青山绿水形成鲜明对比。与陕南人相比，关中人民更具秦人遗风。以"国"字脸为大众脸，肤色微黄，颇有兵马俑的憨厚粗糙之感。关中人民粗犷直爽，在用秦腔表达感情时更加感情饱满，唱腔高亢激越，随性而为，变化强烈。后秦腔没有繁复的语言，以"吼"的方式直抒胸臆。表演者以舞蹈来弥补语言和音乐所无法表达的情感，动作刚劲、直接而粗犷，颇有武术表演之感。

相较于前秦腔的婉转细腻，后秦腔的粗犷高亢也许是因为关中地区自唐代以来因为战乱、干旱等灾难由盛转衰，关中人民的心理落差极大，内心对现实有不满，但又无力去改变现状，便借吼几嗓子疏解内心的压力与愤恨吧。

六、安塞腰鼓

腰鼓是陕北地区广为流传的一种独特民俗活动，距今已有 2000 多年历史。腰鼓表演受众广泛，是陕北延安等地较为常见的表演形式。其中以安塞县氛围最为浓郁，因此安塞腰鼓已成为陕西腰鼓的代表。鉴于其文化内涵，2006 年安塞腰鼓被国务院列入第一批国家级非物质文化遗产名录。关于安塞腰鼓的由来，学者们观点不一，主要有三种说法。

"战争说"。此种记载最早可追溯至《山海经》，黄帝和蚩尤在战争时发明一种可以发出大声响的东西，他们将其称之为鼓，用来恐吓敌人，创造出强大的气场和震慑力。因为安塞县处于边塞，为两部落或两国交战之地，历史上战争频繁。相传那时为了战争之际方便士兵之间传递信息，团结一致打败敌人，每个士兵都必须系一鼓作为传递信息的手段。

"劳动说"。在原始时期，从事农耕生产的劳动人民都会有一种能够表现出在田间插秧干活的劳动歌舞，即大多表现为走路和弯腰相结合、慢慢发展成为扭秧歌的活动。由此看出秧歌来源于人们的农间劳动生活。而这种系在腰间一侧的鼓的表演则也变成了扭秧歌其中的一种表演形式，所以现在所说的这种安塞腰鼓也可能是来源于人们农耕时的劳动。

"巫医说"。古时，安塞地处边塞地区，交通极其不便，因此文化水平由于沟通不畅较落后，遇到一些未知的灾难，人们便都束手无策。当一些土办法解决不了问题时，他们便开始寄希望于看不见摸不着的传说中的神灵。据说那时曾经发生过瘟疫，人们认为是一些鬼怪在作祟，捣乱祸害民间，而这种鬼怪传闻极其惧怕大红色与响亮的声音。于是，人们便想办法制作出一种可以发出巨大声响的东西，并可以随身携带，于是就有了鼓。人们将其挂在腰的一侧，又将其系上长长的红绸子，以此来吓走这些令人得病的鬼怪。这一做法逐渐发展到现在就形成了一种用腰鼓来祭祀神灵、赶走妖魔鬼怪等以保平安的习俗，甚至有时腰鼓还被当地居民拿来祈求上天保佑五谷丰登和求雨。

安塞县当地的人们大多都倾向于"战争说"。因安塞处于边塞，进而避免不了战争，所以也避免不了用上像腰鼓这样的装备。直到后来，安塞腰鼓才逐渐从士兵们在战场上传递信息的手段，发展成为一种以模拟昔日战争时期各种动作来进行舞蹈娱乐或是体育健身的表演形式。

安塞腰鼓也作为日常祭祀的工具逐渐流传下来并且极具生命力。在这种大环境的熏陶下，陕北人民形成了坚韧、朴实、粗狂、不屈的性格。除此之外，安塞腰鼓最大的特色是它浓郁的地域特色，安塞腰鼓的发展除了蕴含其中的宗教信仰、文化积淀、民风习俗等因素推动外，更重要的是孕育它的地理位置与环境——黄土高原。黄土高原是安塞腰鼓生命的主体，在被赋予黄土高原的气质后，安塞腰鼓才会成为黄土高原上一道有生命力的风景线。

本章小结

综观陕西历史，艰苦的自然条件、多发的自然灾害、恶劣的地理环境造就了特有的地域文化。陕西人在适应这一客观条件的过程中，不仅实现了基本的生存，更是发展出面食文化、窑洞文化等内涵丰富的地方特色。陕西的自然条件造就了陕西人的豪爽粗犷，陕西人的奔放豁达更是展现了人民群众的无限智慧和对美好生活的追求。陕西的灾难带给人们的不仅仅是苦难，更激发了陕西人奋发的意志。通过对陕西灾难文化的解读，我们能够更好地理解中国灾难文化在中国历史长河中的演变。

参考文献

［1］杨志娟. 近代西北地区自然灾害特点规律初探：自然灾害与近代西北社会研究之一［J］. 西北民族大学学报（哲学社会科学版），2008，4，34-41.

［2］王颖. 自然灾害与地方民生：以 1923—1932 年陕北地区为例［D］. 硕士论文，西安：陕西师范大学，2007.

［3］贾德义. 二人台［M］. 太原：北岳文艺出版社，1990.

［4］徐黎丽. 走西口：汉族移民西北边疆及文化变迁研究［M］. 北京：民族出版社，2010.

［5］李红梅. 二人台审美风格之探究［J］. 戏曲研究，2008，2，315－338.

［6］姚勤智. 山西面食文化的成因、特点及饮食习俗［J］. 山西师大学报，2004，1，86－89.

［7］王进云. 从文化产业的视角看山西面食业的历史现状及对策［J］. 长治学院学报，2011，4，23－25.

［8］郭亚琼，孙虎. 山西省面食旅游品牌发展探讨［J］. 长治学院学报，2009，3，3－7.

［9］张恒.《白鹿原》饮食习俗的文化内涵［J］. 现代语文（文学研究），2007，7，49－50.

［10］高上.《白鹿原》评析［J］. 散文百家，2017，6，2－3.

［11］杨子奇. 靠崖式窑洞民居的原生态思想观［J］. 美术界，2013，3，82.

［12］宦烨晨. 传统窑居绿色修复与保护［J］. 中国绿色画报，2016，3，65.

第九章 | 表里山河

　　"表里山河"是指山西独特的地理环境。山西左据黄河，右拥太行，境内山河相据。山西在中国地图上的位置好像一只臂膀，从北方直插中原的核心地带。山西境内以高原山地为主，但地表起伏不定，加之河流割裂，丘陵、高原以及河谷盆地均常见。这一复杂的地形地貌既为农耕定居也为游牧发展提供了自然条件。山西北部与北方草原直接相连，没有高山大河阻隔，塞北草原上的游牧民族可以从北部长驱南下。历史上，每每自然环境恶化或天灾人祸汇聚之时，生活在山西的农耕民族均需担忧北方游牧民族的入侵。与江南相似，山西承担起了中原与北方草原的交流沟通。而在南北方民族贸易、征战之时也加速了民族融合以及文化的交流融汇。这一历史地位使得现今山西成为多民族融合发展的代表，晋文化中既有浓郁的农耕因素，更有不少塞外、西域风情，这种多民族融合的特征奠定了山西在我国的独特地位。

　　山西位于我国第二阶梯近第三阶梯交接处，东临华北平原，境内遍布山地、丘陵。由于自然、社会和人为不合理的活动因素等，使得全省生态环境不断恶化，成为我国的多灾省份之一。山西的自然灾害主要有地震、滑坡、塌陷、土地沙化、旱灾、冰雹、虫害等，而地震危害最大。本章从山西地区的票号文化、洪洞大槐树文化、民歌文化三个方面，详细探讨山西的灾难文化。

第一节 票 号

山西是我国一个历史悠远、文化厚重的省份，是中华文明发祥、发展的重要区域之一。山西地理位置特殊，处于我国农耕区与游牧区的交界处。无论是农业民族建国还是游牧民族南下，都视山西为关键。自古以来山西是兵家必争之地，故而有言"得河东者得天下"。山西简称为"晋"，因此山西的传统文化也被称为"晋文化"。山西地区早在旧石器时代已有人类活动，新石器时代的陶寺文化更是当今中华文明探源的热点遗址。到晋国时期，山西已经形成独具一格的文化传统。悠久的历史赋予山西以厚重的内涵，使得晋文化成为我国地域特色最为浓郁的代表之一。晋文化的产生、发展得益于山西独特的地理位置以及复杂的灾难环境。

一、票号起源

票号作为古代金融机构的一种，主营汇兑业务，与人们熟知的古代钱庄有些许的差别。票号多是由晋商创办经营的，所以也称"山西票号"。其产生最早可追溯至 19 世纪初，山西平遥县城"西裕成"颜料铺的大掌柜雷履泰尝试用汇票进行账单清算。在使用汇票清算后，颜料铺利润大增，远超单纯货物交易的盈利。见此状况，西裕成的东家李箴视与雷履泰创设了"日升昌"票号，专营汇票兑换，而其本行的颜料生意则被舍弃。因"日升昌"票号，李箴视与雷履泰被山西票号业视为创始人。

票号的产生离不开其经营主体——晋商。中国古代商业按地域划分有三大派系：一为"晋商"，二为"徽商"，三为"潮商"，每个派系都不乏业界精英。那么，为什么只有晋商的票号繁荣起来呢？这与晋商自身的特点是分不开的。众所周知，由于山西地窄人稠，而又多发旱灾、涝灾、蝗灾、霜灾，仅靠家中劳动力务农很难养活一大家子人。于是，成群外出经商成为山西人的谋生手段。当有人富贵时，便会提携同乡，结成团体。

至清代，晋中商人的足迹已遍布全国各地。随着经济发展，商业竞争不断加剧。头脑精明的晋商们开始抱团合作，并开始将这种合作正式化，组建各种商业组织。这些商人在经营生意时发现，业务往来和往家里送钱涉及大量现金运输问题，让镖局运现款，不仅运费高，而且风险高，常有丢失。于是，有晋商尝试将银钱先交给自己熟悉的商铺分号，由经理出面联系外地分号，等人到了外地直接凭汇票到分号取钱，这样就用方便快捷的方法解决了问题。同时，晋商涉足行业广，全国各地都有大量分店，票号自然先从晋商中产生了。

清代山西灾荒多发，赈灾救济成为经营这些票号的商人与官府互动的主要形式之一。灵石县清宣统三年的《双泉峪村公积银两碑记》记载："近来屡值荒旱，村小人稀，幸赖二三经商之士持疏募化，稍有余存，补修庙宇，赈济贫乏均赖焉。"从捐助者的名单来看，其中大部分均为商人或商号，包括合成元、元吉当等五十几家商铺。同治十二年（公元 1873 年），清朝廷国库亏空，官兵粮饷欠发。此时票号蔚字号借给朝廷 20 万两白银，开始了其官银业务。清廷后期经济不振，蔚字号成为朝廷征收粮赋税款、发放兵饷丁银的指定商号。除官银业务之外，票号还关心百姓疾苦，在灾荒之年积极赈灾救济，深得地方官员欢迎。光绪三年（公元 1877 年），发生了"丁戊奇荒"，山西是受灾的重灾区。曾国荃时任山西巡抚，为解灾荒，公开向全省募捐，共筹得赈灾银两 12 万两白银，仅蔚字号一家即捐出 1 万两白银。感于蔚字号心系百姓的恩德，曾国荃手书"乐善好施"的牌匾赠予这家票号。除了短时赈济之外，晋商在山西灾荒之年通过平抑粮价以实现长效的经济稳定，帮助灾民渡过难关。在重灾之年，除了直接发放粮食，为流民提供遮风挡雨之处以及以工代赈、输粟捐粮外，影响最大的是平籴平粜制度。平籴平粜制度是一种灾时的保价手段，可以有效地平抑粮价，避免囤聚居奇、物价上涨[1]。

二、《乔家大院》

电视剧《乔家大院》主要讲述清朝咸丰初年，山西省祁县乔家堡乔家二少爷乔致庸，成为乔家新任大东家，将乔家生意推向巅峰的故事。乔致庸以贩茶为业，在日常经营中需要不断兑换银票，极具商业头脑的乔致庸发现了票号的潜力。于是他改变生意内容，不顾周围反对，前往北京经营票号，并提出"汇通天下，货通天下"的理念。在北京站稳脚跟后，他又将票号开至江南四省。乔致庸不断与朝廷走动，希望能够承接官银的汇兑。生意红火之后，乔致庸遭人举报。当时太平天国起义，乔致庸曾帮助掩埋了部分太平军的尸体，被判入狱。漫漫十余年，乔致庸在太平军被剿灭之后才重获自由。后历经百年难遇的灾荒，乔致庸开设粥场，赈济灾民。在平淡的经营中，乔致庸不断地积累资本。而后又逢战乱，朝廷北伐，然而清政府国库历来亏空。左季高想到乔致庸的富庶，于是以清政府的名义向乔致庸借银北伐。已退居幕后的乔致庸满腔爱国热血，于是欣然应允。但是在征战结束后，清政府无力偿还，于是使策将此债务推卸，乔致庸上京讨要，却又再次入狱。碍于乔致庸在民众中的影响，有人提出让孙茂才担此黑锅。正在为难之时，八国联军侵华，攻占紫禁城，慈禧太后携光绪帝仓皇出逃，乔致庸才得以生还。经此之事，乔家上下对清政府的所作所为寒心，但乔致庸力排众议，要助清政府逃难。此后，再次回京的慈禧太后开放了地方商号兑换官银，由此乔家生意蒸蒸日上。

三、《白银帝国》

影片《白银帝国》一开始，就再现了票号对账的场景。"天成元"票号每四年一次对账，十几个账房先生围坐于院中，他们面前摆着四条极长的算盘。每人都无暇顾及其他，手指在算盘上匆忙拨算，整个院落弥漫着紧张的气氛。在账房先生盘点后，天成元票号四年中通过汇兑、收存、放贷等业务营业额共计白银两千六百壹拾伍万三千一百一十一两。康老爷听后，欣喜地说道："我号二十三个分号一年过手的白银相当于朝廷岁入的一成，这全赖孙掌柜和大家的辛苦。"一个票号一年过手的银两已达清廷税收的十分之一，不可不谓富可敌国，而遍布全国的晋商盛况可由此而知。

影片着重刻画了晋商在天灾人祸前救济灾民的壮举。清末自然灾害频发，社会动乱，战争不断；而清廷污吏横行，国库早已亏空，无力赈济百姓。原本禁止纸钞的清廷为筹措钱财，设立银行，公开发行纸票。这一举措直接抢占了天成元票号的汇兑业务，天成元生意一落千丈。十年后，国民革命爆发，社会势力重新洗牌，社会动荡，匪徒横行。天成元的南京、汉口等五处分号皆被劫掠，投资的上海造船厂也被人恶意焚毁。军阀混战，当时清政府举债的官员也早就不知所踪，天成元在各地放款追回不到一成。库房亏空，人心不定。在此关头，康老三仍旧拿出家里存银偿还百姓："咱们是大户人家，倒了也不至于饿饭。票号规矩不是大义参天，至诚至信吗？一人一条命，活得值不值，全看自己。做生意不过是做人，得民心者得天下，钱赚得回来。"晋商与清政府的合作虽然起初很广泛，但清政府只是将其作为获取钱财的手段。为了盘削晋商，清政府摊派给晋商十分苛刻的捐税。虽然如此，在百姓水深火热之时，晋商并没有只顾自保而是心系百姓，竭尽全力赈济灾民。

四、老西儿

"山西老西儿"是旧时华北及东北地区人们对山西人的戏称，含有歧视、轻蔑的意味，反映了山西人吝啬、狡猾、唯利是图等消极特征。比如民国时期，山西军阀阎锡山就被外省人称作阎老西儿；晚清文学家吴趼人创作的长篇小说《二十年目睹之怪现状》里的人物"老西儿"，是一个开钱庄放账的角色，人物性格抠门，过日子特别省细，过于盘算，因此叫"老西儿"。"山西老西儿"的别称有"西人""西客""西商"和"老西"。

关于"山西老西儿"这一称谓的出现有很多说法。其一，山西在地理上位于太行山以西，所以山西人属于"老西边儿的人"。其二，山西人素来爱喝醋，醋是山西饮食文化标志之一，山西老陈醋在全国声名远播。石家庄有句顺口溜打趣了山西人的醋文化："山西老西儿爱喝醋，腰里掖着醋葫芦，有一天去打仗，交枪不交醋葫芦"。而在古代没有"醋"这个字，"醋"古称为"酨"，读音同"西"，现在山西晋中一带仍有酨醋这一说法，故而山西人指的是"老爱喝醋的人"，被称为"老酨儿"。其三，明清乃至民国时代，山西做生意的人驰骋欧亚、遍布天下，被称为晋商，位于中国十大商帮之首，称雄商界五个多世纪。山西商人虽然名利兼具，但仍保留着节俭淳朴的形象，给外省人留下了抠门的印象，甚至于有些寒酸、土气，因此山西商人就落得"老西儿"这个不太雅致的称呼。

这些说法虽然不尽准确，但也说明了"山西老西儿"民风简朴的特质，这与山西自然条件、地势地貌等因素密不可分。山西地处黄土高原，大多数地区土地贫瘠，百姓生活困苦，必然会造成民风节俭，甚至吝啬。这也凸显了山西人应对贫穷和灾难的长远意识，以至于外出经商的山西人将这种节俭精神传承下来。看来"老西儿"这个绰号极有可能是指外省人对山西人形象的评价：有钱却吝啬，富裕但土气。

山西人"抠门"的形象在影视作品中也有体现，对山西老西儿的形象刻画更为入木三分，影响甚广。上文提到的电视剧《乔家大院》里有一位"抠门"的典型角色，"天下第一抠"陆大可，将山西人"抠门"的形象表现得淋漓尽致。但在实际生活中，山西人的"抠"绝不是为人斤斤计较、小肚鸡肠，而是由于长期贫穷以及受到儒家文化的影响，养成了节俭的习惯，并将这种精神一直传承于后世。即使在明清时期晋商家族事业繁荣之际，节俭的习惯也一直被保留下来，与徽商奢侈的特性形成了鲜明的对比，明朝《五杂俎》中记载"新安奢而山石俭"便是有利的佐证。

明代沈思孝在《晋录》中提到："晋中古俗俭朴，有唐虞之风。百金之家，夏无布帽；千金之家，冬无长衣；万金之家，食无兼味。"这种说法充分体现了山西人极致的节俭风气。其实，山西人并不抠门，起码晋商绝对不

"小气"，晋商能够将事业发扬光大，绝对不会仅靠"抠门"就能实现。相反的是，晋商对员工、同行、社会与国家都表现出慷慨"大气"，这也是事业蓬勃发展的精神力量。所以晋商的"抠门"与"大气"是相对的：在生活和事业中，晋商精打细算，崇尚节俭；但在社会公益事业上，他们则具有强烈的社会责任感。

第二节　洪洞大槐树

在河北、山东、河南等地，有一首歌谣广为流传：

> 问我祖先在何处？山西洪洞大槐树。
>
> 祖先故居叫什么？大槐树下老鹳窝。
>
> 谁是古槐底下人？脱履小趾验甲形。

为什么有人认为祖先是来自山西的一棵大槐树下呢？这就要追溯到明初的大移民了。

一、移民

明初，洪武六年（公元 1373 年）至永乐十五年（公元 1417 年），明朝政府组织了十余次大规模的移民。这些迁徙多是迫于当时严苛的自然环境和社会条件。元朝末年，王朝颓势愈显，河南、河北、山东等地遭受连年水旱，庄稼颗粒无收，而后蝗虫、瘟疫横行，使得百姓生活无所依靠。元末朝廷变本加厉地盘剥百姓，走投无路的灾民在各地揭竿起义，社会一片"道路皆榛塞，人烟断绝"之景。天灾人祸致使江淮以北处处耕田荒废、哀鸿遍野。同时期的山西雨水充足，仓廪丰实，人民安居乐业。对比中原的惨象，山西的富足已不亚于江浙一带。大量灾民为讨生活蜂拥而至，山西人口瞬间大增。

山西人淳朴开放，难民在山西丰富资源的救济下，不仅活了性命，生活生产状况都有所改善。

朱元璋称帝后，久经战乱折磨的地方官吏纷纷向朝廷求助，"积骸成丘，居民鲜少"，各地社会秩序支离破碎。朝廷中的有识之士上奏皇帝，恳请实行移民屯田，以解决战后破败的百姓生活。在此政策下，持续50余年的大规模移民拉开了序幕。洪武年间的大规模、有组织移民取得了丰硕效果，满身农技的农民开垦出大片良田，朝廷又实施了一系列的鼓励政策，被战争破坏的农业生产逐渐恢复。然而，当百姓刚有点盼头时，又发生了"靖难之役"，战争再次给岌岌可危的农业以致命打击。战争之时，土匪强盗乃至官兵对民众大肆掠夺，无奈之下朱棣下召进行永乐迁民。

民间流传迁出移民多在"大槐树"之下，而选择大槐树是有着复杂的历史原因的。官员组织移民并不是选择在大槐树而是在广济寺。洪洞广济寺建于唐贞观年间，自建成开始，唐宋各代均在此地设有驿站。依托官道，广济寺周边得到开发，人员集聚众多，且官道常年使用，交通通达。广济寺旁有一参天槐树，数人合围，遮阴甚广，尤为引人注目。而官道正好从其下经过，以此为节点，沟通东西南北各地。正因其便利的交通，移民的地点才选于此。明初外迁的移民都说自己是从洪洞大槐树下迁走的，其实这些移民的祖籍不单单是洪洞，只不过因为此处官道为必经之地，故而才有这种说法[2]。据《明史》记载，迁出移民的家乡范围很广，涉及现今的晋中、晋南、晋东南以及吕梁等地。但是，由于迁移之路行经洪洞大槐树，而大槐树又令人印象深刻，移民的后人在口耳相传之时，祖籍细节可能已忘，唯有使用标志性的"大槐树"来寄托思乡之情。而大槐树作为山西移民的共同记忆也就取得了大家的认同。

除了组织百姓移民，洪洞大槐树移民浪潮中也有官员自发而为的。明初功臣袁公正，曾随朱元璋征战天下，屡建战功，后官至镇威将军。明朝统一天下后，首要是安抚民众，促进生产，需要移民垦荒。于是袁公正毛遂自荐，身先士卒举家从山西洪洞迁到山东黄岗集。袁公正将新家取名"袁家固堆"，并题词"洪洞分枝老门第，曹州安居旧家风"。故而洪洞大槐树在移民心中认可度就更高了。

洪洞大槐树下的移民从山西迁出，朝廷指派的迁入地有豫、冀、陕、宁、鲁、皖、苏、鄂等省。然而世事变迁，数百年间，移民及其后人受生活所迫又辗转流入甘肃、江西、湖南等地。

二、民谣

"谁是古槐底下人，脱履小趾验甲形。"这句民谚广泛流传，不仅反映了移民盛况，更是作为流散外地的移民们在异地他乡辨认相亲的依据。两人在他乡相遇，说起祖籍时常脱下鞋履、去掉布袜查看对方小脚趾的指甲。如果小脚趾的指甲似两块，那他必定是洪洞大槐树的后人无疑了。

大槐树下的人们的小脚趾为什么是复形的？这里有个传说。当时朝廷最早外迁移民时，百姓们安于故土不愿外迁。朝廷只能制定一系列的优惠政策，然而效果甚微。无奈之下，地方政府使用计策，在洪洞各地张贴告示"凡不愿外迁者，必须在三天之内，赶到广济寺旁大槐树下报名登记，愿意外迁的人可以在家等候消息"。听闻此消息，洪洞百姓们蜂拥而至，唯恐落后了被强制迁出。第三天官府带领大队官兵到大槐树下，此时汇聚的百姓已人山人海。正在百姓们讨论时，官兵们包围了聚集的百姓，一个官员竟然宣读了一道圣旨："大明皇帝敕令，凡来大槐树下者，一律外迁。"听完圣旨，大槐树下的百姓们才反应过来，这是朝廷设计将他们哄骗而来。然而面对大量的官兵，人们无力反抗，只能服从政府的安排，携家带小就地登记，领取发放的盘缠物资，踏上移民的道路。官府为了防止移民逃跑回乡，用刀子在移民的小脚趾上砍了一刀以作辨识。所以，如今来自大槐树下的后人们脚上的小趾甲都是复形的。从科学的角度来看，这种刀砍而产生的趾甲变化是不可能遗传的，不过歌谣的广泛流传表达的是移民及其后人们对于家乡以及亲人的眷恋之情。

三、解手

人们将去厕所方便称为解手，而"解手"与移民也有很大关系。据传，解手一词也是来自大槐树下迁民。因为迁民并非百姓意愿，官兵们在组织百姓移民时，为避免百姓逃窜返乡，只能用对待囚徒的方式，将百姓捆绑串联起来，然后押解上路。古时交通工具不多，大规模移民更是少有统一运输工具，人们只能依靠自己的双脚。而大槐树离迁入地又远，迁移的路上难免要耽搁很长时间。当人们在路上需要上厕所时只能请求押解人员松开双手，"报告老爷，请解开手，我要上厕所"。久而久之，解手成为上厕所方便的代名词，而遍布中国的移民们又把这一词传至各地。

即使官府下令并且用强制手段逼迫百姓移民，仍无法使他们放弃对故土的依恋。官兵们将百姓挨个捆绑，人们远离家乡时一步一回头，大人们不断地给孩子说："这大槐树是我们的老家，这才是我们的故乡。"口耳相传下，人们总会思念家乡，而迁移各地的人们始终记着大槐树的故事，所以都说大槐树处是自己的故乡。

四、传说

围绕着移民有很多民间传说。《胡大海复仇》讲述的是在元朝末年，难民胡大海流落河南以乞讨为生。他在乞讨过程中被人侮辱，于是记恨这个地方。胡大海认为河南这个地方人性险恶，受此大辱发誓要偿还[3]。后来胡大海跟随朱元璋征讨天下，军功赫赫。朱元璋建立明朝登基时，赏赐开国功臣，在诸多功臣中唯有胡大海不接受赏赐。朱元璋问他为何，胡大海便将自己落魄时在河南乞讨所受的侮辱讲述一遍，并请求朱元璋准许他到河南去洗雪耻辱。胡大海要求坚决，朱元璋犹豫再三只能允诺他在一箭大小的土地上复仇。胡大海带着御箭刚至河南境内，忽见天空飞来一行大雁。胡大海恶向胆边生，瞄准大雁尾部射出御箭，而箭正好挂在尾羽上。于是胡大海借"一箭之地"为名杀遍河南，并随大雁杀至山东，所到之地尸横遍野。知此结果，朱元璋只得从山西洪洞大槐树下迁移百姓添补河南等地人口的亏空。

另外还有一个《燕王扫碑》的民间传说。这一传说描述的是明朝时河南、河北、山东广大地区遭"红虫"侵扰而人迹罕至，朝廷这才从洪洞大槐树下向这些区域移民[3]。燕王扫碑的"碑"指的是南京城内明朝皇族的功德碑、祖宗碑。朱棣时期，起兵发难，致使中原等地百姓遭殃，战争更使农事荒废。广大百姓揭竿而起，其中燕王以头戴红巾为标志，被百姓称为"红虫"。红虫与蝗虫相似，含有瘟疫之意，加之起义军所过之处死伤无数，于是人们谣传"红虫吃人"。朱棣平叛之后，将都城迁至北京，并下召将洪洞大槐树下百姓移民至河南、山东等地，恢复当地农业生产。

与洪洞移民有关的传说还有《三洗怀庆府》。怀庆府即今天的河南焦作修武、武陟区域[3]。这一传说讲的是元朝末年，起义军与元军作战。怀庆府因地理位置独特，是兵家重镇。朱元璋的起义军与元军在此僵持不下。双方为了拉拢民心、鼓舞士气要求当地居民在门口挂上拥护他们的牌子。两方交替吩咐，百姓却苦不堪言。这时一个年轻后生想到一个主意，要居民做一个双面牌子，一面写起义军，一面写元军。这样无论是何方占据此地都能保居民以平安。一次起义军攻城，元军败走。当起义军将领常遇春进城时，恰有一户人家的牌子掉于他的马前。常遇春看到牌子即知真相，于是将此事上报朱元璋。朱元璋这时正为战事进展缓慢而发愁，听闻此事怒火中烧，于是下令将怀庆府民众诛杀。朱元璋称帝后，调遣洪洞民众填充这一区域。

第三节　山西民歌

山西是我国传统文化发源地之一，有关其历史的传说数不胜数。据称今临汾市是尧帝时期的都城平阳，永济为舜帝时期的都城蒲坂，夏县是禹帝时期的安邑。考古发现也证明了这一区域早在旧石器时代就已经出现频繁的人类活动。襄汾陶寺遗址更是被学术界认为是"最初的中国"，是中华文明重要的发祥地。山西出土有众多的音乐类遗物，从新石器时代的陶埙、二里头时期的石磬、春秋时期的青铜甬钟、战国时期的青铜编钟编磬，到侯马晋国铸铜作坊出土的东周时期用玉铸造编钟的陶范[4]，都说明山西音乐器物的发展是比较早的。

一、民歌历史

山西民歌有着悠久的历史,《击壤歌》《康衢童谣》相传都是尧时的民歌、童谣,《南风歌》描述舜帝时期运城制盐生产与百姓的生活。中国最早的诗歌总集《诗经》，里面有很大篇幅都来自古代山西。其中《唐风》《魏风》经考证大多为山西地区诗歌的汇总。这些诗歌内容广泛，涵盖百姓生活的方方面面。这些民歌有记录节气变化、农忙耕作的，有揭露统治者荒淫无道的，也有倾诉生活疾苦的。更多的是对纯真爱情的追求，如《唐风》中的《椒聊》《葛生》,《魏风》中的《硕鼠》《十亩之间》《葛屦》等。通过这些诗歌，可以看到古代劳动人民不单是借用诗歌"饥者歌其食，劳者歌其事"，更是借物言志，利用比喻表达对现实苦难的不满和对美好生活的追求与向往[5]。

山西民歌风格多样，不同的样式受限于其社会风貌。黄河是山西境内最大的河流，黄河流经山西时有著名的"九曲十八弯"。峡谷地带使得这一区域交通方式单一，河运成为连接外界的主要方式，随之出现大量的船夫和纤夫。纤夫与船夫们行船转向，"号子"逐步演化为了"船夫曲"。在山区丘陵地带，常年用牲口作为运输工具的赶脚夫们为了排解路途的孤寂，就唱出了"脚夫调"。在山坡放羊的羊倌们，在面对群羊而无人相伴时，只有高声排解孤单、发泄苦闷，壮丽的风景、辽阔的天地，使得文化程度不高的羊倌们依然唱出了底气十足的"羊倌歌"。为生活所迫"走西口"的劳苦群众更是借由诗歌唱出生活的艰辛以及对未来的期盼，无数的"情歌""悲歌"也随之诞生。

晋西北气候寒冷，皮衣、皮裤、红肚兜、大红腰、坎肩等日常服饰在民歌中也常出现，如"油浸皮裤打补丁""身穿哩皮袄毛朝外""烂大皮袄捆铺盖""白布衫衫白圪生白，高粱红裤子绿西瓜鞋""白布衫衫呀袖袖长，羊肚肚手巾呀遮荫凉""羊肚手巾呀歪罩转，又遮荫凉又好看"等。而居住习惯也在民歌中有生动体现，例如"低头出来低头进""单手手推开双扇门，炕上睡的个活死人""中梁上上吊撂不下娘""十八根柏椽盖平房""扳住窗棂棂擦窗台，咱瞭哥哥从那里来"，就把山西民居的平顶、窗棂、窗台、双扇门、土炕等事物形象地描绘出来。

二、山曲子

山西民歌有着久远的历史渊源，除却《诗经》，山西民歌在唐宋时期已成为一种流行风尚，其广为传唱的鼎盛时期则数明末清初。明代文献中已有言："户有弦歌新治谱，儿童父老尽歌讴"。河曲的自然环境尤为恶劣，坚韧不拔的河曲人在与自然作斗争中用诗歌这一形式记录了他们奋斗的艰辛与苦难。"河曲保德州，十年九不收。男人走口外，女人挖苦菜。"这样的民歌在当地被称为"山曲子"。

河曲民歌为地方民歌，流行范围较小，多见于河曲县及山西西北部，随着人口迁移，晋、陕、蒙交界区域也有传唱。河曲位于山西省的西北部，地理位置特殊，位于山西与内蒙古的交界地带，在河曲是一鸡鸣三省、一脚踏三省。河曲位于黄河十八弯，交通受黄河与峡谷的阻隔，植被稀疏，土壤贫瘠，水利设施不完善，庄稼基本都是看天吃饭。加之旱涝频发，这里百姓生活没有长久的保障。正是由于这一现实条件，河曲人民如同候鸟春去冬回，季节性地到内蒙古、河套等地打短工。这种"走西口"促使百姓们经常面临着妻离子别的痛苦，而在这一年年的离别、团圆之中，"山曲子"成为人们排解愁苦、感叹别离的最好方式。

河曲民歌对当地生产活动也有着深刻影响。晋西北常年干旱缺水，民间求雨也多以歌唱的形式。河曲有用"叫雨杆杆"求雨的，"杆杆本是一根柴，长在灵山黄土崖。叫雨杆杆三尺长，请龙叫雨把雨降"。河曲求雨还有"负荆"求雨方式，《善愚拜水歌》唱道："敬上一炉香呵，跪倒在拜水场，可怜旱民遭苦罪呵，身负重刑来赎祸殃。善愚我丧天良，做事情理不当。我犯天神律呵，才遭这旱天长。我求天神爷呀，念民是群氓，自负重刑跪拜香，求神开恩长。阿弥陀佛天神爷呵。敬上二炉香呵！水神爷早开恩呵，快往神瓶里边装呵，普救众生洒细雨呵，阿弥陀佛呵！供上三炉香呵，我肩膀上燃黄香呵，小刀刺骨满肩伤，跪拜水神晒毒阳呵。苦求滴滴佛水来，跪拜三天两夜长呵，阿弥陀佛水龙爷。"这首民歌描绘了百姓渴望降雨的迫切心情，同时也生动地展示了民众聚集虔诚求雨的场景。

除了求雨，河曲民歌还记录了民间习俗、节气岁时以及婚丧嫁娶等日常活动，其中有关婚娶的民歌最为常见。婚娶与子嗣传承是农业社会的根基，而在生活贫苦之地结婚成家、传宗接代更被视为宗族大事。河曲民歌《出嫁歌》详细记录了当地青年男女结婚的流程[6]：

> 骡轿雇一乘，鼓匠后边跟。二红连响三声，来到娘家门。轿到娘家门，娶戚忙接迎。女儿梳妆齐，盖上埋头红。盖上埋头红送亲绕出门。上轿穿黄鞋，鞋底不粘尘。花轿一起身，鼓乐一齐鸣。绕大街穿人群，娶亲上路程。

在民歌中，节日民俗描写最多的是春节的拜年和元宵节的观灯、社火。有关拜年的民歌在山西各地都有流传，内容近似，多为宗族血亲间的走动、祝贺，这反映出农业社会中的家族血缘观念。除了春节拜年这种大范围的节日，也有记录小区域特殊节日的民歌。如记录四月初八祭拜松子奶奶的民俗，实为河曲等地小范围流行，对这一节日活动的描述"四月里来四月八，奶奶庙上把香插"，直接而又生动。

河曲民歌中也有大量描写爱情、婚姻的民歌。对爱情的渴望，对家庭的追求在这些民歌中大量出现。这些歌曲的传唱也是劳动人民对自由的向往，更表达了他们对封建礼教、包办婚姻等的愤懑与抗争[7]。在封建社会，妇女受到的压迫最重，处于社会最底层。政权、神权、族权、夫权的层层束缚，使得她们付出最多，遭受的不公正待遇也最多。在这种压迫下，她们对自由、爱情、幸福的渴望尤为强烈。表达这类情感的歌曲多是从妇女角度出发，内容广泛，既有女性的多愁善感，也有不少生活的家长里短。如有情人们的互诉衷肠：

（男）樱桃好吃树难栽，有那些心思口难开。
（女）山丹丹开花背洼洼开，有了心思慢慢来。
（男）青石板开花光溜溜，俺要比你没一头。
（女）谷地里带高粱不一般高，人里头挑人就数你好！
（男）沙地里栽葱扎不下根，因为俺家穷不敢吭。
（女）烟锅锅点灯一点点明，小酒盅量米不嫌你穷。

表达相思之情的，如：

山药蛋开花结圪蛋，圪蛋亲是俺心肝瓣。
半碗黄豆半碗米，端起了饭碗想起了你。
想你想得迷了窍，寻柴火掉在了山药蛋窖。
我给哥哥纳鞋帮，泪点滴在鞋尖上。

表现情人相会的，如：

东荫凉倒在西荫凉，和哥哥坐下不觉天长。
野雀雀落在麻沿畔，依心小话话说不完。
你要和小妹妹长长间坐，觉不着天长觉不着饿。

这些歌曲传达着劳动人民朴素的审美，更透露出对自由、爱情的崇尚。然而在旧社会，年轻男女想要自由恋爱、想要反抗家长安排在当时是大逆不道的。不仅他们的家人，即使是无关的围观者都能对他们施以惩罚。因此，对爱情的追逐往往以悲剧收场。在这些青年男女中，女性的遭遇更是凄惨。旧社会往往不把女性当人看，即使你情我愿的相互吸引也会被无端指责为轻佻、不守妇道，将女性当作货品买卖也大有人在。"小奴家今年一十七，你老汉今年六十一；我的娘上了媒人的当，金花花插在你家朽木上。"即使嫁到夫家也不一定能得到正常的对待，虐待、辱骂是家常便饭，女性只得忍气吞声，"长年止不住泪蛋蛋流"。而遇见性情刚烈宁死不从的女性，这些婚姻往往以女性死亡收场。"千盘万算没活头，凉凉扑在黄河（里）头"，"手搓麻绳二尺五，中梁上上吊死得苦"[8]。这些民曲歌谣成为她们反抗礼教、激励来者的重要形式。

本章小结

本章从晋文化的各个角度对山西的灾难文化进行了解读，展现了山西灾难文化的特点和演变趋势。自强不息、忠于职守、修身为本、乐从良善、以诚取信，都是晋文化的内涵。这些文化内涵无不体现了山西地区从史前文化开始五千年来的文明发展。晋文化是中华灿烂文化的重要组成部分，深刻影响着中华文明古往今来的历史进程。

参考文献

[1] 李军，李志芳，石涛. 自然灾害与区域粮食价格：以清代山西为例 [J]. 中国农村观察，2008，2，40-52.

[2] 书剑. 山西洪洞大槐树 [M]. 太原：山西省临汾市文化局新闻，2011.

[3] 赵世瑜. 小历史与大历史：区域社会史的理念、方法与实践 [M]. 北京：

生活・读书・新知三联书店，2006.

［4］李玉明. 山西民间艺术：黄河乡土文化［M］. 太原：山西人民出版社，
　　　1991.

［5］王沥沥. 民歌艺术［M］. 太原：山西教育出版社，2008.

［6］李保彤. 中国名歌大全［M］. 太原：山西教育出版社，1997.

［7］吕环. 山西民歌略析［J］. 艺术教育，2006，8，88.

［8］佟鑫. 山西河曲民歌现状调查及成因的探究［D］. 硕士论文，太原：山
　　　西大学，2009.

第十章 | 江南唇齿

　　地域是孕育文化的土壤，文化是地域上开出的美丽花朵。灾难文化视角，将地域特点同文化相关联，以一种纵贯历史的角度，剖析影响着世世代代生活在这里人民的性格特点、外现的行为模式以及生命轨迹的内在因素。行于江南唇齿之地的徽州，听一段吴侬软语诉说历史。这历史反映着在灾难面前，人们勇敢且智慧、彷徨且无助、豁达且开阔的精神世界。

第一节　徽　商

　　徽商是中国商业史上的一个奇迹。他们不仅仅是一个区域的商人，还是财富的象征，更成为"儒商"的代名词。徽商是徽州的历史名片，有太多的故事值得探寻。徽商文化，是一种溯源、一种情怀。说到徽商，就必须要说一说徽州。徽州位于皖浙赣三省接壤的崇山峻岭之中，是一个相对独立的自然地理单元，外围群山环抱，腹地为盆地，山地丘陵占总面积的80%以上，主要属于新安江水系。在生产力水平很低的时代里，这些阻碍徽州内外联系的山地虽然不是不可逾越的障碍，但毕竟有碍联系与交往，徽州交通闭塞是可以想象的。正因为徽州地形复杂、与外部联系相对不便，且又有险阻天成、易守难攻、邻近江南发达地区的地理环境，所以徽州历史上沦为战场的次数很少，不失为一处理想的避难所。自东汉初年开始，每当中原动荡不安、烽火连天、大量人口南徙时，就有一部分中原人直接或间接移居徽州。发生在20世纪的事情，也足以说明徽州是极好的避难所。日寇侵华期间，因徽州山深道险，日军只敢出动飞机轰炸徽州城镇，不敢派步兵进犯徽州，恐遭伏击。而沪杭等沦陷区的避难商民，纷纷涌入徽州，机关、团体、学校也大量内迁，就连国民党安徽省党部也曾一度迁驻屯溪，以躲避战乱。徽州文化并不是由土生土长的"山越文化"直接演化而来的，而是由因躲避战乱迁移至此的中原人所携带的中原文化裹挟而成的。这里多文化相互交融，共同促使徽州文化的诞生[1, 2]。徽商文化即是在复杂的社会环境下由徽州人融合中原文化之后，不断吸收、不断交融而形成的新文化。

一、徽商

徽商是指祖籍为旧徽州的商人们，他们又被人称为徽州商人、新安商人，人们习惯称其为"徽邦"。徽商地位斐然，与晋商、潮商被合称为中国历史上的"三大商帮"，也有人总结将其与晋商、浙商、苏商、粤商共称为中国历史上的"五大商帮"。徽州商人多来自历史上安徽南部的徽州府，包括现今的歙县、婺源、祁门、休宁、绩溪、黟县等六县，这一区域在历史上属于新安郡[3]。在这六县之中，以歙县和休宁两县的商人最为出名。徽商的活动早在南宋时期已经开始，元末明初不断发展，到明代中期已广为人知，繁盛时期则是在清代前中期。到了清代晚期，随着国家的破败，徽商也不复往日的辉煌。徽商的历史长达六百余年，势力强盛的时期占据一半，在中国古代的商业历史中无疑是举足轻重的。

安徽自然环境较差，自然灾害频发且种类多样。据统计，除却火山喷发、海啸等地质灾害以及天文灾害外，其余自然灾害在江淮大地都有发生。而在这些常见的自然灾害中，旱灾、洪水、寒潮、冻雨、冰雹、台风、龙卷风、霜害、地震、滑坡、泥石流、瘟疫等更是侵扰安徽的"常客"[4]。这些自然灾害中旱灾与水灾对安徽的影响最大。安徽土壤相对贫瘠，不稳定的水热条件更是让原本脆弱的农业雪上加霜。明代安徽的地方志《安徽地志》有言："徽人多商买，其势然也。"《徽州府志》也有记载："徽州保界山谷，山地依原麓，田瘠确，所产至薄，大都一岁所入，不能支什一。小民多执技艺，或贩负就食他郡者，常十九。"顾炎武说徽州"中家以下皆无田可业。徽人多商贾，盖势其然也"。自然环境限制了农耕的发展，而山地、丘陵地形为人们提供了丰富的木材、茶叶等山货，人们为了生计只得以物易物。在这种传统下，徽州人开始有意识地进行商品交换，商业也就自然而然的产生并发展。徽商经营的内容也有变化，最开始以本地山货为商品，用以交换外地的粮食以维持生存。当地品种多样的山林资源能够提供充足的木材、油墨和生漆，于是建筑、造纸、桐油、油漆等成为本地出口的大宗。茶叶更是闻名全国，祁门红茶被誉为世界三大红茶之首，此外还有婺源绿茶等名品[5]。走出家门在外经商的人们则涉足盐、布匹、粮食等货物。沿海的地理优势、艰苦的耕作条件、复杂的社会局势、国际交流的加深以及徽州人思辨的精神都促成徽商团体的形成。

纵观经济发展史，产业的发展繁荣离不开其背后的文化因素。不同层次的产业对文化的依赖也有所不同，高层次的产业更加得益于厚重文化因素的推动[6]。作为第三产业，商业是文化含量高的产业，徽商的兴起和衰落，为这一历史的发展做了一个示范。可以这样形容，文化是徽商的"神"，各种各样的商业活动都是徽商的"形"。在当今繁荣的文化氛围中，从文化层面对徽商的发展进行解读，认识徽商的内涵，并有选择地从历史的角度来提升徽商的精神，将会有积极的启示意义。儒家文化是徽商区别于其他商帮最明显的特征，也正是这种"贾而好儒"的传统才使得徽商能够持续数百年而不衰。

徽商对儒家文化的推崇表现在方方面面，对儒家文化的推广尤其注重教育。他们热心开办书院、学堂，筹办各类试馆，积极培养符合政治正统的人才，并遵循宗法制度予以加强。徽商也将儒家文化贯彻到自己的生活中，不少人在商业成功后都弃商从儒或弃贾就仕。徽商在各个商帮之中整体文化水平最高，时刻以儒家道义约束自己的行为，如遵循古训不得见利忘义，应"君子爱财，取之有道"等。商业经营更是讲究诚实守信、货真价实、童叟无欺。儒家思想使得商人们能够拥有较高的眼光，能够审时度势把握商机，并能权衡得失，故而在商海竞争中总能从容应对。

　　纵观徽商，其经营尤以诚实守信、为人儒雅的风范著称。在商业哲学方面，徽商坚持"生财有道"的观念，尤为反对见利忘义，推崇"君子爱财，取之有道"。商业经营中讲究诚信，注重商业道德，做到货真价实、童叟无欺，户户坚持"秤准尺足斗满"。徽商的行商智慧远超小农意识，他们坚持薄利多销，并深谙让利于民、有利于己的道理，坚决抵制强买强卖，甚至规定惩罚欺诈顾客的商户。在经商之外他们尤为注重文化的建设以及个人修养的提升。他们没有被自己"商人"的职业限制，热心公益，积极帮助百姓。在用人选择上，也坚持人品、学识为上，更青睐那些熟读四书五经的有识之士，并着重培养他们独立思考的习惯、辛勤工作的精神和坚持不懈的品质。在徽商的人生观中，人的品德修养与儒家思想的践行高于商业利润的获取，为人行事不与人争执，做人做事以儒家的"温良恭俭让"要求自己，宽以待人，严以律己。徽商尤重乡情友谊，对于族谊、戚谊、世谊、乡谊、友谊要"五谊并重"，不可厚此薄彼。日常生活中，徽商更像是文人雅士，他们看重知识，讲究孝道，学习礼节，经常以文会友。徽商的家庭观念很强，推崇"父子有亲，君臣有义，夫妇有别，长幼有叙，朋友有信"。徽商还十分讲究礼仪，崇古风，善待人，以"正衣冠，迎送宾客，尊而有礼"作为自己的行为规范。

　　徽商以诚信的经营、儒家的为人，成为我国明清时期最为重要的商派之一，有着与众不同的气质。徽商不仅用他们精明的头脑将生意做大，更是身体力行地将中国儒家传统文化发扬光大，形成独具一格的商业文化。徽商对中国商业的影响巨大，他们用自己儒雅的风范为商人们赢来"朝奉"这一雅称，给中国商人在历史上留下绚烂的一笔。徽商是中国商业发展史上的一颗明星，给中国商业留下了取之不尽的财富，他们传承的精神不仅仅是商业的典范，更是为人的经典。徽商超越了职业的限制，成为一种文化标志，福泽后人。

二、《我之小史》

《我之小史》是詹鸣铎创作的章回体小说，以第一人称视角见证了徽商的出现和发展，并从一名徽商的角度叙写了历史的变迁。《我之小史》受到了当时徽商自传和鸳鸯蝴蝶派诗歌的影响，由于其纪实性和自传性，该书的史料价值极高。特别是其中收录的书信、诉讼案卷等，使人们能够更加直观地了解徽商文化。

小说以第一人称视角回顾了自己的生活轨迹，以小我见大我，进而反映了大部分徽商的生活。他们大都相同，初从文，屡试不举，后受生活所迫不得已走上从商的道路。作者虽然一心求学，但是功名茫然，迫不得已只得参与家里的生意，慢慢地走上从商的道路。我虽有志，但无奈现实却不许。正是因为作者的心不在焉，使得经营的商铺也难以为继。现实对于理想的挤压，使得作者虽然仕途无望，但仍学会诗词歌赋等"雕虫小技"。小说以作者的所见所闻无形中记录了徽商的生活和商人之间的竞争。他用自己和一批徽商的经历告诉读者，商场如战场，只有身心投入才能将生意做好做大，情商、智商在商场中缺一不可。

小说也记录了作者的游历经历。由于父辈在江浙一带经商，他小时候在那些地方生活过，再加上去景德镇参加过科举，还曾经在上海法政所学习。这部小说在不经意间记录了很多民俗风情，或寻花问柳，或穿着打扮，或过年过节的景象。这些都为后人了解徽商文化提供了极好的素材。

三、《大清徽商》

电视剧《大清徽商》主要讲述了在清王朝逐渐衰败的背景下，徽商的历史命运和生活故事。影片中，汪宗昊、程元亮、汪无竟三个年轻人被迫离开他们的家乡徽州到扬州学习生意经，由此开始了各自的经商生涯。

剧中描写了徽商对外贸易的愿望与清朝封闭的闭关锁国政策的冲突、中国传统手工制造与西方机器制造的冲突以及官商之间利益的冲突。徽商为了做生意，四处躲避沙漠里的强盗；他们被当地商人排挤到偏远地区售盐；他们遭到同行的诬告，受到了政府的惩罚；他们出海售货，得到的却是西方国家对他们货物的不满。这些描述了徽商如何在艰难的环境中生存，如何运用他们的智慧和正直来化险为夷。

四、徽州民谣

长期流传下来的徽州民谣里蕴藏了丰富的徽商文化。古代徽州的地理环境是封闭的，具有相对独立的民俗单元，形成了独特的地域风俗。民谣作为一种独特的文化载体得以广泛流传，为百姓所知、所唱、所传演，对徽商的形成和发展产生了积极影响。

前世不曾修，出生在徽州，年到十三四，便多往外丢，雨伞挑冷饭，背着甩蹓鳅，过山又过岭，一脚到杭州。

学徒苦，学徒愁，头上带粟包，背背驮拳头，三餐米饭，两个咸鱼头。

这些民谣无一不生动地描绘了小学徒生活的艰辛和"徽商"这个身份所蕴含的重量。

绩溪歌谣《写封信啊上徽州》其中有一段是这样唱的："青竹叶，青纠纠，写封信呵上徽州，叫爷不要急，叫娘不要愁，儿在苏州做伙头，一日三餐锅巴饭，一餐两个咸鱼头，儿的那双手像乌鸡爪，儿的那双脚像炭柴头，天啊地啊，老子娘啊，儿在外面吃苦头。"

生活的艰辛、内心的痛苦使年幼的学徒子弟们从内心发出歇斯底里的呼喊，创业之难可见非同一般。但即便生活艰难，他们依然饱含着对生活的期盼、对美好未来的追求和生命的韧性：

> 逢年过时节，寄钱回徽州，爹娘高兴煞，笑得眼泪流。
> 一根擀面杖，打到苏门答腊。

此外还有一些民谣表达了徽商之间的相亲相敬以及老乡之间的真挚情谊：

> 美不美，家乡水，亲不亲，故乡人。
> 一脚到杭州，如有生意就停留，没生意去苏州，跑来拐去到上海，托亲求友寻码头。
> 黄山茶乡民风淳，珍贵礼物是茶壶，人生交往薄财力，一片冰心在玉壶。

徽州女人的命运同徽商文化有着密切的关系。自古"商人重利轻别离"，而徽州男子即使情深义重也敌不过常年在外奔波的命运。古时交通不便，男子在外奔波多年不归已成常事。而在家的女子就承担着赡养双亲、抚养孩子的责任，此外就是无尽的等待。徽州有很多"贞节牌坊"和"孝廉牌坊"，这两种类型的牌坊是"程朱新儒"的影响下女性作为妻子和母亲角色的象征，也是等待丈夫归家的信念的象征。

还有一些民谣抒发了徽州男人外出经商后徽州女人独守空房的落寞，以及不知何时才能相见的思念：

> 徽州徽州好徽州，做何女人空房守，举头望月连星斗，夜思夫君泪沾袖。
> 悔呀悔，悔不该嫁给出门郎，三年两头守空房，图什么高楼房，贪什么大厅堂，夜夜孤身睡空房，早知今日千般苦，宁愿嫁给种田郎，日

在田里夜坐房，日陪公婆堂前做坐，夜陪郎哥上花床。

徽州民谣记录了徽州商人的真实生活，记录了他们生活的苦楚、老乡之间真挚的情谊以及以义为先的经营理念。徽州商人背后女人的凄凉也被写进民谣。这些民谣一代代传承下来，作为一种文化被保存了下来，为当代人回顾徽商的历史提供了丰富的素材。

五、食臭习俗

在中国饮食文化中有一种特殊的饮食民俗，那就是"食臭"。食臭习俗起源较早，在汉代就有了食用臭豆腐的习惯，后在历朝历代逐渐普及和丰富。食臭习俗广泛存在于全国各个地区。

在我国，臭食主要包括豆制品、腌菜、臭鱼这三类。在豆制品中，以臭豆腐为代表，在北京、江苏、湖南、湖北、云南等地均有分布。臭豆腐以富含高蛋白的黄豆为原料，经过浸泡、磨浆、过滤、点卤及发酵等多重工序制作而成，受到了百姓的青睐。其中最有名的就是浙江绍兴臭豆腐和北京王致和臭豆腐，流传着"尝过绍兴臭豆腐，三日不知肉滋味"的说法。民间腌菜是将新鲜蔬菜经过腌制制成常见的下饭菜，常用的食材有白菜、萝卜、竹笋、黄豆等。食臭鱼的习俗主要存在于广西和安徽，鲜鱼处理后需要密封腌制很长时间才可食用，最有名也最上台面的当属"徽州臭鳜鱼"，这是安徽人非常喜欢的一道菜肴。

安徽臭菜品种繁多，尤其是在皖南徽州山区，比如臭豆腐、臭霉千张、臭霉豆、臭乳腐等。关于"徽州臭鳜鱼"的来历有个有趣的故事：以前徽州地带不产大鳜鱼，需要到相距较远的池州去采购，但因路途遥远，运回来的鱼经常变质。有个当地人不舍得扔掉变味的鱼，就用盐进行腌制，臭鱼臭吃，没想到竟别有一番风味，不但保持了鳜鱼的原汁原味，而且经过二次烹饪后，肉质醇厚入味，鲜香扑鼻，成为了一道安徽名菜。

为什么安徽存在着"食臭"的习俗呢？这与当地物产、地理环境、经济条件等有关。在食物储蓄技术落后的古代社会，广大民众对新鲜肉类和蔬菜的保鲜往往无能为力，安徽地区多雨潮湿的气候更容易令食材腐烂变质。在应灾能力差、交通不便利、经济不发达的情况下，粮食又极为匮乏，百姓对食物的需求更为迫切，所以不能随意浪费食物。通过一定的腌制工艺将腐肉、蔬菜等进行再加工，从而增加了食物的保存周期，为民众提供了更多的食物来源，也促成了食臭习俗的产生和发展，可谓"化腐朽为神奇"。

关于食臭习俗的评价存在着两种对应的观点。一种观点认为臭菜是中国饮食文化的特色，而且臭菜的"臭"，实际上是食材上繁殖的霉菌形成的，有增进食欲的效果，适度的发霉腐烂促使蛋白质部分分解为氨基酸，有益人体消化，谷氨酸的生成也会使味道更加鲜美。经过发酵的食材往往会产生丰富的营养成分，可预防某些疾病，比如每百克臭豆腐中含有十克左右的维生素 B12，可有效抑制消化道疾病，减少贫血等疾病的发生概率。另一种观点是腐烂变质的食物中存在毒素和有害病菌，不具备营养价值，增加了癌症发生概率，属于不良嗜好，应该被摒弃。综合两种观点来看，对于食臭习俗的肯定性或否定性评价都是片面的，在提倡科学饮食的前提下，理解和尊重食臭习俗才是正解。

第二节　傩

傩戏、跳傩、傩舞，简称"傩"，是一种神秘而古老的原始崇拜活动，在江西、四川、甘肃、贵州、安徽、湖南、湖北等地广泛流行。傩戏是中华民族自古用于驱鬼、敬神、祈福的灾难文化现象，具有传统宗教的多样性，由各种民俗和各种艺术形式融汇而成。中国古代的诸多书籍中都有关于用傩驱鬼的记载。表演傩戏的演员头戴面具，扮成"傩神"，舞蹈动作夸张，极具原始舞蹈风格。徽州是傩文化的发源地之一，相传在汉代就有"方相舞""十二神舞"等傩舞，现今流传下来最为著名的是祁门傩舞和婺源傩舞。

随着经济的发展与文化的积淀，徽州傩文化也在不断发展，更加适应当今时代的需求，逐步向娱乐方向发展。其内涵大大丰富，内容也越来越宽泛，渐渐形成了大众喜闻乐见的傩戏文化。

一、傩与傩戏

在古代，徽州地区交通不便，生活水平很低，对各种自然现象缺乏正确的理解和认识。人们认为要想战胜恶魔，不得不乞求神灵的庇护和保佑。借助神的力量和恶鬼战斗，向神祈祷风调雨顺、粮食丰收成为当地"楚人尚巫、吴人信鬼"的基础。根据当地人的思想、精神、图腾崇拜，驱鬼、祈福的"傩俗"应运而生。"徽州傩"也称"出菩萨"，是当时徽州民间盛行的神灵崇拜活动。

徽州的傩俗在历史上一直很受欢迎，在明清两代尤为盛行。明嘉靖《徽州府志》有"歙休之民迎神赛会，舁土神及悉达多太子以游，设俳优狄鞮，胡舞假面之戏"的记载。清道光《祁门县志》载"正月元日集长幼列拜神祇，谒祠宇，傩以驱疫"[7]。在立春的前一天，当地地方官带领下属们到城市的东郊去占卜干旱，老百姓则出演傩戏。傩戏是一种古老的驱魔驱邪仪式，在民间集会中展现为一种驱邪舞蹈和娱乐文化。徽州傩舞在庙会、祭祀、节庆等活动中都有表演。傩舞表演时，舞者们戴着樟木或柏木雕刻的面具，穿着绣花长袍，手持干戚，带着强烈的节奏感起舞，展示"后羿射日""判官醉酒"等神话或传说。傩舞的舞蹈动作大胆、夸张、简单，人物鲜明而有趣。有句谚语说"输人不输阵，输阵歹看面"。傩舞佩戴的面具，雕刻精细、轮廓分明、面貌奇特。或描绘神的面部特征，或描述神的局部神态，造型夸张，形式感强，给人以强烈的视觉冲击力，表现出了强大、古朴、粗犷的美，体现了灾难文化的魅力。

徽州傩主要包括傩舞、傩戏和傩祭，在行走、跳舞的同时，保留了原始的傩祭风格，是最原始的傩文化艺术。例如，每年正月初二，当地人都会举行祭神的仪式，表演傩舞和《先锋开路》《土地杀将军》等节目。从初三至初六，当地人以锣鼓、笙管伴奏，举行傩事。其中知名的傩舞《山越人》表现的是人们打破混沌的世界，在天地之间追求光明的行为，表达了人们消除灾厄和期盼和平、繁荣的美好愿望[8, 9]。正月初三，有些地区也有迎接傩神老爷的习俗，以独舞为表现形式，祈祷减少灾祸。傩文化是简单、朴素、直接的，充分体现了灾难对文化的塑造，既是古代的祭祀仪式，也是现代的灾难文化。傩文化作为一种不可再生的民族文化遗产，透过充满灾难色彩的文化窗口，展现着徽州人的文化特征和民俗风情。

二、《千里走单骑》

《千里走单骑》这部电影通过对傩戏超过六百年的历史进行艺术加工和嫁接，成功将傩文化融入电影叙事中。《千里走单骑》中所展现的"云南面具戏"在贵州安顺汉族村落流行。安顺一带在明朝时因屯驻而形成独特的"屯堡地区"，当地的戏剧被称为"安顺地戏"。这种"安顺地戏"和徽州的傩戏有许多相似之处。

《千里走单骑》讲述了主人公高田健一为了在儿子生命最后的时刻表达他的爱和忏悔，开始了一场赎罪的精神之旅。高田健一是一位研究面具文化的日本专家，常年在中国从事表演工作。他和他的儿子有很大隔阂，当他得知儿子已经身患绝症，就决定独自去云南的丽江找到曾与儿子有约定的李加民，完成儿子的愿望。

影片生动地描绘了傩戏的流程以及其表演形式。李加民是傩戏演员，他在演出时佩戴的"关公"面具，通过色彩的描绘与精心的雕刻，使得人们通过观赏傩面具就能够感受到关公的侠肝义胆与义薄云天。他在进行傩戏表演时，其服装、道具虽然并不繁杂精美，模式却十分严格，处处体现出傩戏表演的用心，体现了民间对这一神圣活动的重视与敬畏。片中李加民表演时，台下的村民都来围观，说明傩戏活动在当今社会已经渐渐变为通俗的娱乐活动，是大众喜闻乐见的文化。

傩是我国造型艺术的源泉，不仅是历史的遗迹，也是灾难文化的力量。

傩文化凝聚了先民们的原始崇拜意识、宗教意识、民族意识，融合了巫、道、佛等多种元素，在数千年的发展中有着广泛的群众基础，是中华民族的文化瑰宝。

本章小结

"前世不休，生在徽州，十三四岁，往外一丢。"这句谚语表现出人们对于生在徽州感到非常悲愤。这种悲痛是由灾难引起的，这种愤慨表达了徽州当地的灾难文化。探寻灾难文化，是在探寻一种文化基因，并以此来理解人们的行为。徽州地处山区，土地贫瘠，灾难种类繁多。在生产力低、看天吃饭的古代，老百姓无法依赖一亩薄地生存下来。

也是因为灾难，徽州形成了傩文化。徽州当地的自然条件险恶，粮食出产少，人们要战胜思想中的邪恶妖魔，只好乞求神灵的庇护和保佑，借助神的威力与妖魔疫鬼进行斗争并且向神祈福，祈求来年风调雨顺，大获丰收。基于万物有灵的思想和对图腾的崇拜，当地人产生一种对鬼怪和疾病的恐惧，从而有了最初的傩戏活动，并逐渐演变为徽州的民间神祭活动之一。傩文化是一种心理安慰，可以在灾难中慰藉内心、治愈恐惧。

徽商文化、傩文化体现的是灾难面前徽州人的反抗、无助和与世界的和解。当然，它们还有着更深刻的内涵等着人们继续去探索。

参考文献

［1］卞利. 论徽州的宗族祠堂［J］. 中原文化研究，2017，5，114-121.

［2］王薇，张之秋，周圆圆. 徽州祠堂戏场建筑的空间形态研究［J］. 工业建筑，2017，3，192-197.

［3］杨晓民. 徽商［M］. 北京：人民文学出版社，2006.

［4］汪志国. 论近代安徽自然灾害的特征［J］. 灾害学，2007，2，119-123.

［5］朱万曙，谢欣. 徽商精神［M］. 合肥：合肥工业大学出版社，2005.

［6］杨涌泉. 中国十大商帮探秘［M］. 北京：企业管理出版社，2005.

［7］韦海燕，李朝昕. 仫佬族傩舞的文化解读［J］. 四川戏剧，2017，5，96-100.

［8］刘明彬. 徽州傩文化传承与发展策略［J］. 绵阳师范学院学报，2014，6，93-97.

［9］颜芬. 论湘西巫傩文化与沈从文的文化意识［D］. 硕士论文，武汉：华中师范大学，2012.

第十一章 | 白山黑水

　　"白山黑水"具体指长白山和黑龙江，常用以代指中国东北地区。东北包括黑龙江、吉林、辽宁三省以及内蒙古部分地区，是文明交流最为频繁的地区之一，形成了包含中原文化、少数民族文化、异国文化的多元文化。东北水绕山环、沃野千里，冬季长达半年以上。独特的生态环境造就了东北特殊的地区习俗，其中就包括"三宝""四香""十大怪"等。

　　东北文化是以中原文化为基础发展起来的。灾难曾在历史上为东北地区带来了广泛的人口输入，大量的流民、戍军、移民构成了"闯关东"现象。中原文化、齐鲁文化、岭南文化、吴越文化，为东北文化注入了生机。

　　二人转是当今社会仍在传承和发展的东北特色文化。与其他文化现象相似，二人转也显示着灾难的遗存。二人转继承和发扬了中国传统艺术把不同的表演形式集中在一个场所进行表演的习惯，与东北的"大锅菜"有相同点。

第一节　十大怪

　　东北森林繁茂，山地、盆地、湖泊较多，离海近，降水量大，夏季空气湿润，冬季降雪量大。寒冷的东北，有许多独具特色的文化习俗，被称之为

"东北十大怪"。"十大怪"是东北地区根据其独特的生存环境所演化形成的行为习惯，由于与其他地区差异巨大，便被认为是一种怪现象。这些行为是在东北地区生态环境和社会环境的共同作用下产生的，是为了预防灾难或抵御灾难而不得不采取的生活方式[1, 2]。

窗户纸糊在外。东北早期用麻纸把格子式的窗根糊起来，以御风寒。窗户纸如果糊在里面，室内温度过高时，窗户纸受热膨胀绷紧，寒风会把窗户纸刮响且容易损坏。把窗户纸糊在窗子外面，利用风推纸的大面积减小风的压力，形成室内外温差，降低窗户纸的破损率。

大姑娘叼烟袋。这种现象在过去东北农村比较普遍。东北姑娘"猫冬"在家的时候，借抽烟袋来打发时间，并且可以暖嘴、暖手。此外，在田间、山中劳动时，拢火堆熏烟或直接吸烟的办法可将蚊、蠓、蛇等熏走。

养活孩子吊起来。将孩子放到吊起的摇篮中，可以让孩子安睡，成人也可有空余时间生产和生活。

嘎拉哈姑娘爱。"嘎拉哈"是猪、牛、羊、猫、狗、狍子、麝、骆驼等动物后腿的髌骨，共有四个面，较宽的两个面一个叫"坑儿"、一个叫"肚儿"，两个侧面一个叫"砧儿"、一个叫"驴儿"，在东北是一种玩具[3]。

火盆土炕烤爷太。东北地区气候寒冷，贫穷的人不能买煤烧炉取暖，便用稻草、玉米秸秆、黄豆秸秆等烧热土炕取暖。

百褶皮鞋脚上踹。当买不起棉胶皮鞋穿时，人们便用干蒲草编成鞋子以御风寒。蒲草叶片中有蜂窝状的空隙，具有防寒隔热的功能，所编的鞋上有许多的褶，非常实用。

吉祥喜庆黏豆包。吃黏豆包主要来源于满族人的饮食习俗。满族喜爱吃粟米和黏食。在冬天，人们把大黄米磨成面，包上豆馅，上屉蒸熟，然后冻起来，方便随时食用。

不吃鲜菜吃酸菜。东北冬季物产匮乏，人们为备足越冬蔬菜，除了用地窖贮藏白菜、萝卜外，还制作酸菜。酸菜利用发酵原理，能够保存到第二年开春。

捉妖降魔神仙舞。由于人们欠缺科学常识，不法之徒便利用人们对妖魔鬼怪的畏惧心理，装神弄鬼，愚弄百姓，榨取钱财，连唱带跳的"跳大神儿"来"驱魔降妖"[4]。

烟囱砌在山墙外。盖房子砌砖的技术不够高，如果烟囱从屋顶出去，下雨时雨水会沿着烟囱流进屋子里，造成湿墙根的现象。人们为了避免这个麻烦，建造房屋时，把烟囱建在房子的一侧[3]。

这十大怪的出现或形成，主要原因是在经济社会落后的情况下，东北地区的人民仍要抵御风雹、冻灾等自然灾害。到现在，十大怪逐渐消失，成为人们茶余饭后讲给孩子们听的笑话。

第二节　拉帮套

面对不同类型的自然灾害或各种事件，移民或逃难成为人类的生存选择。郭伶俐教授就提到"古今中外，移民现象比比皆是，移民原因错综复杂，移民过程险象丛生，移民结果多种多样"。就个人意愿划分，有主动移民，也有被动移民；就进出差异来看，有迁入移民，也有迁出移民；就移民过程来看，有路途相对顺利的移民，也有历经艰难坎坷的移民；就结果而言，有被迁入地文化同化而从此扎根的移民，也有因不能融入迁入地文化而返回故里的移民。

无论哪一种形式的移民，往往都与灾难有着不解之缘。如果说有区别的话，也只是灾难轻重程度的不同，几乎没有离开灾难而单独存在的移民现象。中国近代以来的移民现象，著名如"闯关东""走西口""下南洋"等，基本都源于灾难，也随之形成了各种不同类型的灾难文化现象。比如，山东、河南、河北、内蒙古等地人们熟知的"闯关东"的故事。从起点而言，闯关东是因为当地的产出不足以养活当地的人口，人们不得不到地广人稀的东北黑土地去寻找生存下去的机会；而到了终点东北，前来闯关东的外来人口又带来了很多问题，"拉帮套"就是其中一种。

一、拉帮套

所谓"拉帮套"，其最初的意思是指马车拴马套的一种形式。一般的马车由一匹驾辕马和一匹拉串套的马组成，串套马的位置处在辕马的正前方，称为一主一挂的套法（也叫两套马车）。如果负重较多或者路不好走，在一主一挂两匹马拉不动的情况下，就要在串套外侧另外挂上一副帮套，再增加一匹拉套的马。这样，这辆马车就变成了"一主一挂一帮"的套法（也叫三套马车）。而套在这副帮套里的马，它就是"拉帮套"的，帮着拉套的意思[3, 5]。

"拉帮套"是一个形象的比喻，把家庭和生活比作一挂车，有驾辕的，有拉套的，都是为了这挂车能够前行。

东北有肥沃的黑土地，但是由于气候原因，一直地广人稀。因此，人均耕地较少的山东、河北、河南、内蒙古等地的居民，就不断过渤海、越长城，进入尚未开发的东北地区，这就是"闯关东"。

这些来自关内的人口有些是携家带口，有些是单身男子，对于后者而言，就必然存在成家的问题。由于人生地不熟，婚育问题很容易成为难题。

后来，为了开发东北地区，政府废除了多年以来的地域封禁令，鼓励汉人往东北移居。这样，人数再度迅速增加。

这些闯关东的人到了目的地之后，在农村可能成为雇工、在林区成为林业工人，还有人会成为磨刀匠、木瓦匠、临时帮工等。在城市里，可能会去当小贩或伙计，当然也有少数成了店主。

尽管有少数人在城里找到了生计，但大部分闯关东的人还是会在东北农村谋生。尽管当地有大量的土地和资源，但总体而言生活环境还是恶劣的。有些生活极为困顿的家庭要维持生计却又拿不出钱来雇佣帮工；与此同时很多当地或者移民来的单身男子因为太穷娶不起媳妇，就成了单身汉帮工。单身汉凭借力气给困难家庭当帮工，而作为回报，他就以帮手的形式进入这个家庭，获得生活上的照顾，成为家庭不可或缺的一员，就是所谓的"拉帮套"。

　　"拉帮套"并非是闯关东后才有的，东北的贫困地区早就自然衍生出来了这种家庭互助形式，只是在闯关东之后变得更为普遍。可以这样给"拉帮套"定位：最初它的出现是因为当地的气候、经济状况，大量的外地因灾移民又强化了本地的这种家庭形式。

　　在"拉帮套"的关系中，原家庭女人的丈夫通常是残疾人、体弱者或被其妻斥为"窝囊废"的弱者。由于没有能力养活家庭，令妻子满意，所以只能寻求这种令人尴尬的方式来解决。这个家庭的女主人，则是这个关系的中心，虽然她不得不照顾两个（或更多）男人，但在这个关系中得到了生活或生理方面的满足。

　　"拉帮套"需要两个（或更多）不同姓的男人在一个家庭中生活。这种家庭会产生三种情况：一是生活极其贫苦需要帮助；二是户主软弱需要扶持；三是户主在经济活动中一再失败需要资助。

　　"拉帮套"一词带有时代色彩，是灾难带来的贫穷的产物。它不仅仅是为了满足彼此的需要而组成的一种畸形的家庭形式，更是贫苦无助的两种人群在得不到社会援助时，采取的一种互助形式。它和"一妻多夫制"不一样，因为人们往往不承认"拉帮套"的合法丈夫身份。

　　不过"拉帮套"的家庭在贫穷的农村得到了一定程度的认可。一个女人因为丈夫的残疾、年迈或家庭贫穷无法维持孩子的生存，找一个精壮的男人帮助养家，往往能被人们同情和默认。

　　当然，也存在这样的情况："帮套"在进入家庭后，逐步显现出超越原夫的能力，则可以主事，使这个家庭由穷变富，由弱变强，而且得到了主妇的真心相待，也就是说，他收获了女人的爱情。久而久之，家庭里的"帮套"往往不再离开，反而慢慢地变成这家的主人，邻里也承认其主事的地位，但依然不会承认其户主地位，他与女主人有了孩子也随原夫姓。而以这个家庭的名义参加婚丧礼仪的随礼名单上要写主事人名，后边加括号写原夫名。

　　还有一种"拉帮套"的家庭组成是：在同乡中，工作同伴或朋友熟人中的一些年轻力壮的男子，有常来常往、相互帮助的关系，原夫妻有感激之情，这人就可以留下来常住。

"拉帮套"与"搭伙"是不同的："拉帮套"是原家庭中有一个丈夫，又有一个近似丈夫的人存在；而"搭伙"则是在原夫已出门或者出走，大多是杳无音信的情况下，女人请来或别人介绍来的"合作者"。

名义是"搭伙"互帮，但在生活上有"临时夫妻"的意思。他们的孩子随原夫姓。女家的原夫回家，"搭伙"的男人要离开这个家庭。如不离开，又是双方同意，这个家庭才由"搭伙"转变为"拉帮套"了。

搭伙的女方，都是已婚的妇女，都有一个家庭，她们在结婚以后绝大多数都会有孩子。女方在家庭中处于主导地位，独撑家庭的生活已经有了一段时间，她周围的邻居已经承认她的独立家庭的存在。但是由于生活的极度艰难，她确实无力独撑一家老小的生活，在这种时候，她可以请一个尚无家庭，或者已有家庭，但已无联系，只有一个人在本地的独身男子来帮忙。

这种结构的特点包括几个方面：第一，双方从开始就要共同承认这是一个临时结合的家庭；只以"搭伙"的名义存在；第二，如果女方的丈夫回家，搭伙者必须离开这个他生活多年的环境；第三，搭伙家庭的成立只需男女双方的同意，开门入伙不需要有什么仪式，或者说不需要什么家庭意义上的仪式；第四，女方为家庭的主人，男方是临时居住，不作为这个家庭的成员存在，邻里乡亲之间，红白喜事之时，提到家庭，一定要冠以女方姓名，不能用男方的名字去代表这个家庭。

二、《情债》

因为"拉帮套"是一个长期存在的社会现象，所以在艺术上也就相应地有所体现，比如著名演员李幼斌出演的电视剧《情债》描述的就是一个"拉帮套"小伙子的人生历程。

《情债》是由吉林电视台和央视影视部合拍的电视剧，讲述了在"阶级斗争一抓就灵"的人民公社时期农民的艰难生活。

剧中朱四是村里的木匠，曾经有过同村的恋人，但是恋人的母亲临死前将自己的女儿许配给了当时的小队长，原因是木工在当时属于"资本主义"的一部分，而小队长则根正苗红，有稳定的收入，吃饭没有问题。于是，朱四继续过着朝不保夕的贫困生活，眼睁睁看着自己的恋人成为别人的老婆。

同村因病丧失了劳动能力的姜老七生活难以为继，于是同妻子一起把朱四接到家里来，过起了"拉帮套"的三人生活。朱四作为姜家的主要劳动力，替一家六口（不包括他本人）挣钱买口粮、交孩子的学费、给姜老七抓药治病。

到姜老七家"拉帮套"之后，他在村里干活挣的工分和冒险"走资本主义"赚到的钱，大大改善了有着四个孩子的姜家的穷困窘境。

在整个过程中，电视剧把"拉帮套"刻画得淋漓尽致，包括礼聘必须由妻子和丈夫共同完成。所以，姜老七必须抱着病体出门，邻居会奇怪："老七你怎么出来了？"这就是仪式需要的一种行为。而"帮套"挣来的钱则由妻子负责管理，丈夫管理就不太妥当。

这种关系的解除也是非常有意思的。由村上一些德高望重的人组成关系解除的临时小组，无非分割财产，分割这一关系存续期间出生的孩子。如果有两个孩子，一般是一人一个，电视剧中只有一个孩子，因为姜老七已经有四个孩子，而大家也都认为新生的孩子就是朱四的，所以最后分给了朱四。当然，剧中也隐约说明了女人在关系存续期间的归属权分配问题，大致是按照"一三五和二四六"的原则来进行分配。

三、《三个人的冬天》

由张夷非导演，蒋雯丽、赵军主演的电影《三个人的冬天》，也是关于拉帮套的。

1940年代，长白山林区，伐木工人魏大山在一场事故中救下了别人，却被砸成重伤而瘫痪。连年求医买药，病情却毫无起色，家里生活也日渐拮据。穷极无奈的魏大山向徒弟黑塔求救，想沿用贫困地区的风俗"拉帮套"来解决当前的窘境。心地善良的黑塔只愿帮助师傅，可以背着师傅四处求医，但是对"拉帮套"却不肯答应。而黑塔的善良、憨厚和侠义，使大山的妻子云凤对他由感激变为爱慕。这时魏大山由于男人的自尊开始虐待云凤，反而促使云凤向黑塔靠拢。一次魏大山虐待妻子，被黑塔撞见，黑塔怒打了魏大山，想扛起行李走人。但云凤说自己已怀上黑塔的孩子时，他又打消了远走高飞的念头。小女儿参花七岁时，听说山里的热水泉能治瘫病，便天天用小爬犁拉着魏大山去洗温泉。魏大山的病还真的治好了，又能干活维持一家生计了。

随着东北解放，"拉帮套"的习俗面临废止。魏大山虽然身体得以痊愈，但与妻子的感情裂痕却无法弥合。徒弟和妻子把房子、土地和积蓄的财产都留给魏大山，决心离去。但魏大山偷偷带走了参花使得云凤痛不欲生。当两人在山上话别分手之际，却看到参花朝他们跑来。山脚下，魏大山扛着行李，悄然消失在茫茫雪原。

第三节　二人转

二人转是中国东北民间独特的艺术形式。二人转属于中国的民歌类型，在东北三省、内蒙古东部和河北东北部都很受欢迎。二人转在历史上吸收了各种艺术的精华，将传统的戏曲曲调和当代的流行元素相结合，表演中既有戏曲的舞台技巧又有东北的地方特色。加之各种流行歌曲元素的加入，二人转听起来像一出戏又像一首歌[6, 8]。东北地区地理位置偏远，经济不发达，每年都要经受严寒的侵袭。二人转中包含了大量有关东北灾难文化的信息。

一、《哭七关》

按照中国东北的旧习俗，人死之后，要经过"七关"才能进入死后的世界。死者的亲属通过哭声指引死者度过这七关，作为超度的一种形式。所谓

"七关"，指的是望乡关、饿鬼关、金鸡关、饿狗关、阎王关、衙差关、黄泉关。《哭七关》是东北二人转知名的哭调之一，描述了人死后在七关所经历的境遇。以哭父亲为例，唱词为：

> 一呀吗一炷香啊，香烟升九天，大门挂岁纸，二门挂白幡，爹爹归天去，儿女们跪在地上边，跪在地上给爹爹唱段哭七关。
>
> 哭呀吗哭七关哪啊，哭到了一七关，头一关关是望乡关啊，爹爹回头望家园啊，爹爹躺在棺椁里，儿女我跪在地上边，为了爹爹免去灾难，我给爹爹哭七关。
>
> ……
>
> 哭呀吗哭七关哪啊哭到了七七关，七七关是黄泉关，黄泉路上路漫漫，金童前引路玉女伴身边，爹爹您骑马坐着轿，一路平安到西天。

《哭七关》所反映的人死之后灵魂的旅程是一个漫长的过程，这与东北地区每年经历的漫长的寒冷天气是一致的。为了抵御严寒，东北人要采取各种必要的措施，在不同的时节储存各种资源，以备最终抵御严寒。哭七关中，死者的灵魂针对每一关的不同情况有不同的处理行为，是东北地区因地制宜、分时应对灾难的体现。哭七关中，虽然七关看似艰险，但最终都能通过，人的灵魂也得以升华。这也是寒冬必将过去、春天终会到来的气候所带来的心理暗示。

二、《十跪母重恩》

《十跪母重恩》也是哭丧时常见的二人转曲目，其与《哭七关》不同之处在于只是为母亲所创作，而且并非描述人死后的世界，而是描写母亲一生的艰难困苦。

> 一跪那母重恩，养儿生身母，怀儿十个月，日夜娘辛苦，饮食渐渐

少，遍体不舒服，临产之时，性命全不顾；

……

九跪母重恩，想儿娘发昏，病在床上两眼泪纷纷，哭了一声母，叫了一声娘，儿子不孝顺，母亲添忧愁；

十跪母重恩，养儿三十年，三十年儿不孝，娘伤透了心；母亲别流泪，儿想说句话，母亲笑一笑，儿给唱歌谣。

《十跪母重恩》在当今戏曲不受热捧的东北依然流行，主要与东北人离乡的愧疚之情有关。造就这种愧疚心理的是东北人口外流的现象。东北曾经是重要的人口流入地，"闯关东"至今仍是许多人心中深刻的记忆。但在现今社会，人口流入已经成为历史，人口流出是东北的普遍情况。近年来，东部三省人口外流加快，已出现人口净流出的局面。随着人口的减少，东北地区对外来人口的吸引力正在降低。和平时期人口流动的主要驱动力是经济因素，区域经济发展的不平衡导致东北人口流向拥有更好就业机会和更高收入水平的地区。东北地区的年薪排名在东部、西部和中部地区之后。近几年，中国东北城市非私营部门员工的平均年薪和城镇私营企业职工平均年薪都低于全国平均水平。东北人口的外流地主要集中在珠江三角洲、长江三角洲和京津冀地区。除了外出就业，东北地区的一个新趋势是去南方养老。由于东北地区的纬度比较高，冬天寒冷，越来越多的老年人，尤其是患有心脑血管疾病的老年人，选择去南方安度晚年。

三、大锅菜

二人转自产生之初就具有开放的品格，一直在不断吸收各种艺术的精华，用多种元素增加自身的魅力，被认为是艺术上的"大锅菜"。大锅菜与二人转一样，深植于东北的白山黑水之中。大锅菜是中国东北地区的一种传统菜肴，配料多样，营养丰富，汤汁浓厚。之所以称之为"大锅菜"，一方面是因为它有很多风味，另一方面也代表了人们一起辛勤劳作的特点。

大锅菜是在一个大锅里炖煮各种蔬菜，各种各样的蔬菜互为佐料，杂而不乱，并不琐碎。不是所有的东西都可以作为大锅菜的原料，这道菜的原料主要有卷心菜、豆腐、粉条等，当然，也少不了大块肉和排骨。大锅菜有很多种口味，既可以清淡，也可以配上红辣椒或火锅底料。大锅菜需要将白菜、豆腐、粉条、猪肉都熬煮得十分松软、柔烂。虽然大锅菜看起来很简单，但它可以称得上是真正的大餐。作为家常菜的大锅菜，只有用普通的食材才有味道，如果放入山珍海味，反而会失去本色。做大锅菜必须要有"大锅"，如果用普通的小锅做，就变成了普通的炖菜。在很多注重礼仪和优雅气质的场合，大锅菜反而失去了原有的魅力。

吃大锅菜，是资源匮乏的情况下的必然选择。每种资源都不足以单独成菜，但合在一起，加上汤汁，便可以养活很多人。虽然放弃了精致，但能够满足现实需求，与人类面对灾难时的应对策略是异曲同工的。此外，在灾难面前，人们无法独当一面，需要结合全体的力量才能抵御。在分配资源时，也将所有资源统为一锅，大家平均分配，各有所得。

第四节　闯关东

从秦朝开始，中国就形成了严格的户籍制度，历朝历代无不重视户籍管理。户籍制度的存在，本身就是为了限制迁徙。这样既可以保证征收赋役，又便于人口管理。这是"乡土中国"的常态。但是，在自然灾害、战争、不堪忍受的徭役等特定背景下，百姓不得不背井离乡，走上迁徙之路，成为移民。这种现象被费孝通先生称为"乡土中国"社会的一种"变态"现象，也就是"非常态"现象。然而，自明清以来，这种"乡土中国"社会的"非常态"现象经常出现，其中影响最大的就是"闯关东""走西口""下南洋"。"闯""走""下"三个动词，生动而深刻地反映了百姓迁徙的不同去向以及迁徙过程中风险程度的不同。比较三次移民潮，"闯关东"应该是风险最大、持续时间最长、迁徙人数最多的移民活动。

也许是借助于影视作品的广泛影响，闯关东成为家喻户晓的中国近代影响最大移民现象。如今，关东主要是指东北三省，此外还包括与东三省接壤的内蒙古赤峰市、通辽、兴安盟和呼伦贝盟一带。在闯关东的人群中，主要以山东人、河南人、河北人、山西人为主，其中山东人最多。那么，为什么要闯关东？如何闯关东？闯关东的结果怎么样？对这些问题的回答，都涉及灾难。或者说，闯关东的缘起、过程及结果，形成了一种灾难文化，即如何面对灾难、减少灾难、躲避灾难而使人能够生存的问题。

关东地区，土地肥沃，地广人稀，特别适合移民开垦。然而，关东是满族"龙兴之地"，尽管辽沈地区人口大多已经"从龙入关"，但是为了保护"龙兴之地"，清朝统治者修建柳条边，把"边外"划为禁区，不准移民越雷池一步，这就导致了"闯"的出现。"闯"本身也是一种风险，也可能出现灾难，总之前途未卜。

那么，谁来"闯"？为什么"闯"？近代以来，华北地区是多种自然灾害频繁发生之地，也历来是兵家必争之地，因而存在着自然灾害和人为灾害的双重灾难。1855年，因黄河改道而造成的水灾殃及山东、河南和河北，其中山东灾民超过700万人；1876年后华北又连续4年遭受特大旱灾，灾民达2000余万人。山东是近代史上灾害的多发区，饱受干旱、洪涝、大风、冰雹、台风、地震等多种自然灾害的影响。面对各种灾害，广大百姓改变了"安土重迁"的观念，不得不寻找生路。山东距离关东地区较近，水路、陆路都可通达，因此，关东地区成了山东移民的重要选择。谚语"死逼梁山下关东"，正好反映了山东人闯关东是迫不得已的无奈选择。当然，闯关东也是山东百姓应对灾害的应急措施。

闯关东的过程也充满着许多不测，而克服危机、死里逃生本身就隐含着丰富的灾害文化。山东人受中国封建统治者重农抑商政策的影响，闯关东是为了混口饭，表明农业文明时期人的生存之道，即拥有能够养家糊口的土地，谚语"山东人好存粮"就是山东人节俭意识的真实写照。那么，如何闯关东？要么海路，要么陆路。鲁东百姓多走海路，相对便捷；当然，有合法出关者，也有偷渡者。鲁西百姓基本上取陆路闯关东，主要的交通工具是两条腿。人们只能跋山涉水数千里，很多人不得不风餐露宿，一路乞讨。电视连续剧《闯关东》的剧情，就呈现出闯关东的艰难，当时的逃难情景肯定比艺术作品有过之而无不及。在逃荒路上，人们基本上靠沿路乞讨维持生计，为了能够讨到更多饭菜，有人设计出用边舞边唱的方式卖唱乞讨。久而久之，这种逃荒路上的舞唱模式，慢慢演变成了一种著名的秧歌——胶州"大秧歌"，也称为"跑秧歌""地秧歌"。

　　闯关东的结果怎么样？闯关东成功的山东移民，在关东主要从事三种职业，即"放山"、淘金和开垦。"放山"，也叫"走山"，就是挖人参。在东北的"人参故事"中，很多是以山东人为原型的，比如《老把头》、"王干哥哥雀"等，刻画了山东人翻山越岭挖人参的艰难历程。张学良也谈到过山东人挖人参的事情。东北是我国黄金的重要产地，漠河金矿是东北金矿中最负盛名的一个。漠河位于中国的最北方，苦寒之地，可以想想淘金人的寒苦生活，再加上金矿的严格制度，想逃出金矿几乎不可能，这可以从《闯关东》中的一些镜头中得到说明。当然，在"闯关东"的人群中，"放山"、淘金者只是少数，绝大多数还是以农耕为业。他们把中原文化带到东北，凭借勤劳和种植技术，使东北成了清朝的一个大粮仓，并得到了康熙皇帝的盛赞。山东人也被公认是开垦"南大荒"（辽河流域）和"北大荒"（嫩江流域、黑龙江谷底和三江平原）的主力军。

　　如上所述，"闯关东""走西口"和"下南洋"等移民现象，是近代中国百姓面对突如其来的灾难时的生存选择，也是灾民减灾抗灾的一种方式。灾民迫不得已背井离乡，逃荒过程中的逃难文化，在移入地的身份认同和文化融入，心理归属与信仰情感，以及对移入地文化发展的影响，都值得认真梳理和总结。换个角度说，后面所发生的一切即灾害文化，都是源于灾害，源于自然环境（自然灾害）和社会环境（战争、社会矛盾等）的综合作用。可以说，灾害文化在一定程度上推进了文化和社会的变迁，推动了经济社会的发展。

今天，在填写个人基本情况时，都有"籍贯"一栏，应该填写的是祖籍何地。换句话说，在某地工作或学习，但籍贯可能不是这个地方，这必然出现身份认同和文化融入问题，即我从哪里来，我在哪里，我到哪里去。当然，很多曾经的灾难移民已经融入移入地的文化之中。可以说，"闯关东""走西口""下南洋"等各地移民，都在把移出地的文化带入移入地，在适应移入地文化的同时，也把移出地文化不断发扬光大，这种现象可以被称为"文化融合"。移民，并非仅仅是人口的迁徙和流动，本质上是文化的迁徙。无论东北文化还是南洋文化，都烙上了浓重的移民文化印记。但是，必须指出，这种"文化融合"是源于各种灾难。

凡事都有两面，反面的例子也不胜枚举，这里列举出几种表现。一是被歧视而无法融入移入地文化。被歧视本身就是一种次生灾害。比如，"山东棒子"是东北土著对山东移民的一种贬称，意思是"木头棒子""粗野傻笨"。此外，还有"南北头""南蛮""海南丢"等称谓都属于贬称。在东北人看来，闯关东的人把他们的宝贝都挖走了，于是，他们把"南蛮盗宝"也用在了闯关东的山东人头上。二是人地矛盾引发冲突带来的身份认同和文化融入问题。中原人的生存观念就是"粘着在土地上"，把"半身插入土地里"，而自然灾害和兵荒马乱，使得他们被迫逃离家园，但移民与移入地百姓之间因土地之争时常发生冲突。三是无法融入移入地文化而回迁。对于很多灾害移民来说，总受身份认同困惑。其中原因很多，或者受移出地文化影响太深而无法改变，或者受移入地歧视而产生"流民"想法，或者因某事深深刺痛着移民的身份认同，或者受多种因素的综合影响，从原来的"闯关东"变为现在的"闯山东"。

如上所述，移民不仅仅是人口的迁移，更重要的是文化的移动。从某种程度上说，一部移民史就是一部开拓史或创造史。清末民国时期，闯关东移民的大量涌入，不仅为关东地区的农业发展提供了充足的劳动力，而且经过移民的艰辛垦荒和播种，荒无人烟的关东地区出现了田园风光，中原移民还把新的耕种技术和先进的生产工具带入关东地区，推动了当地农业的发展。同时，中国近代移民现象形成了很多文化现象，表现了其积极的价值取向。如上所述，无论何种形式的移民尤其灾难移民，为了维持生存，他们不得不付出更多的艰辛和耕耘。

不同地域、不同民族，由于受到地理环境的影响，分别形成各具特色的生产方式和生活方式，"一方水土养一方人"就是这个意思。然而，不同地域人们之间的相互交流和相互借鉴，或多或少地会改变其生产方式和生活方式，而灾难移民同样可以达到这样的效果。大量灾难移民涌入，考验着移入地的社会治理和政府管理政策的调整，包括新设村庄、村改镇等，以实现对移民的有效管理。相比较而言，内地农业经济比较发达，农业文明程度比较高，因而百姓对农业格外重视，重农也成为内地人的一种传统。关东地区，曾因被清朝视为"龙兴之地"而禁耕，当大量满人入关之后，很多土地成为荒地。因此，"闯关东""走西口""下南洋"等移民不仅带去了内地农业生产技术，而且还把农业文化也带到了这些地区，从而在一定程度上改变了关东、西口、南洋等地的生产方式。

这些地方的生产方式和生活方式，也对灾害移民产生了很大影响。举例来说，清朝时期，关东地区尤其寒荒地带的文化比较落后，他们只是"向习游牧，不讲农桑"，农业生产还停留在刀耕火种的原始状态，任凭其自然生长，因而产量很低。大量移民到来，引入了新的生产技术，才淘汰掉落后的耕种技术。不仅如此，移民们把关内的铁犁、锄头、镰刀、风车等生产工具也带入关外，并且在生产过程中不断进行改进。在关内移民的影响下，当地人也学会使用关内生产工具，还学会了深耕细作。到民国时期，关内关外的生产程序就一样了。此外，关东移民与当地少数民族杂居生活，形成了民族融合的局面。

本章小结

本章讲述了素有"白山黑水"之称的东北地区的灾难文化。东北地区具有独特的生存环境，因而也有异于其他地区的生活习惯。将这些有别于其他地区的民俗整理在一起，便集合成了"十大怪"。

二人转曲目中有专门的"哭调"，用以吊唁，表达哀伤。这类作品常常饱含了群体记忆的创伤，反映着民众与灾难的博弈。二人转与大锅菜一样，都是多种元素的杂糅，既表现了人在灾难面前强壮自我的诉求，也反映了灾难作为纽带使不同群体、不同文化不断融合的历史作用。

参考文献

[1] 胡兆量，韩茂莉，阿尔斯朗，琼达，等. 中国文化地理概述（第四版）
    [M]. 北京：北京大学出版社，2017.

[2] 中国地理百科丛书编委会. 中国地理百科：关中平原 [M]. 广州：世
    界图书出版广东有限公司，2016.

[3] 于济源. 大东北风俗史话 [M]. 长春：吉林文史出版社，2014.

[4] 曹保明. 长白山木帮文化 [M]. 长春：吉林文史出版社，2006.

[5] 尧山壁. 百姓旧事：20世纪40—60年代往事记忆 [M]. 石家庄：河北
    教育出版社，2011.

[6] 郎镝. 二人转 [M]. 长春：吉林文史出版社，2010.

[7] 杨朴. 戏谑与狂欢：新型二人转艺术特征论 [M]. 沈阳：辽宁人民出
    版社，2010.

[8] 颜培金，颜铄. 东北二人转 [M]. 济南：泰山出版社，2017.

第十二章 ｜ 彩云之南

　　云南人被称作是"家乡宝"，在云南人眼里，这是一个光荣的称号。因为云南适宜居住、物产丰富，不用四处奔波就能在四季如春的地方活得逍遥自在。不仅吃的东西天然健康，住的地方也是依山傍水，出一次远门总能听到他人对云南的赞美。云南的美并不局限于一个地方，地图上手指一落皆是美景，大理、丽江、香格里拉、西双版纳、泸沽湖、滇池、澄江，从没有哪一个省能将众多风景名胜的名号做得如此响亮。其实云南人最骄傲不过就是这一句：云南，是人一生中不得不去的地方。

　　云南的美从不掺假，但云南并不是一个灾难少的地方。云南的自然灾害种类繁多，全国各省市能遇到的灾情在云南都有发生，且突发频率高，因此云南也有"无灾不成年"的说法。那为什么云南人不走出去呢？如山东人闯关东，陕西人、山西人走西口，沿海一带居民下南洋。其实，云南人面对灾害的无奈和妥协，形成了一种特有的避灾文化。云南的灾难能够在内部进行消化，磨合与冲突之后又加深了这种避灾文化，使之延续至今。

第一节　家乡宝

云南是我国地震灾害的高发地区。自唐山大地震以来，我国共发生 6 级以上强破坏性地震 56 次，其中有 15 次发生在云南，占全国总数的 1/5 以上。据 1900 年以来 100 多年的资料统计分析，云南平均一年发生 3 次 5 级地震，2 年发生 2 次 6 级地震，8—10 年发生 1 次 7 级地震，4 级地震更是平均每月都有。云南是地震多发地，以全国 5% 的面积承载着全国 1/5 的地震能量。其次，云南的气象灾害也十分常见，是我国气象灾害的重灾区之一。除沙尘暴外，我国出现的大部分气象灾害都会在云南发生，例如干旱、洪水、闪电、冰雹等。同时，气象灾害的衍生灾害也会发生，例如滑坡、泥石流、森林火灾、农作物病虫害等。每年，云南的农业都会受到气象灾害的影响，平均受灾面积占全省农业种植面积的 23% 左右。多年来，云南各类气象灾害持续不断，有的地区甚至在一年内出现了两次类似或不同的气象灾害。旱灾是云南省气象灾害中最严重的一种。最为严重的一次，干旱曾造成全省将近1000 座小型水库干涸，大中型水库蓄水量减少，河流断流；全省 2000 万人受灾，共造成直接经济损失 40 亿元。

从整体上看，云南是一个水资源丰富的地区。云南境内径流面积在 100平方千米以上的河流有 908 条，分属长江、珠江、红河、澜沧江、怒江和伊洛瓦底江 6 大水系。全省多年平均降水量 1278.8 毫米，水资源总量 2210 亿立方米，排全国第三位，人均水资源量近 5000 立方米。但是，云南因众多因素，使得有水用不了，甚至局部地区出现极度缺水状态[1]。由于横断山脉深度切割，云南省高差悬殊，地形地貌复杂，水资源总量丰沛但开发利用的难度大、成本高、边际效益低。水资源与人口、耕地等经济发展要素不匹配，占全省土地面积 6% 的坝区，集中了 2/3 的人口和 1/3 的耕地。云南中部重要经济区的人均水资源量仅有 700 立方米左右，处于极度缺水状态。由于云南特殊的地形环境和气候条件，水资源时空分布极不均匀，雨季降水量占全年总量的 80% 以上，旱季降水量仅占全年总量的 10% 至 20%。云南 90% 以上为山区和高原，难以储水，无雨就旱，有雨则涝，水旱灾害交替。此外，云南生态环境脆弱，水环境承载能力低，水土流失面积超过总面积的 1/3。多处高原湖泊常年处于污染状态，近一半的湖泊未能承载水域功能。

云南是我国民族最多的省份，除汉族外，另外聚居着 25 个民族，且其中有 15 个民族为云南所特有[2]。云南位于中国西南边境，与缅甸、老挝、越南接壤，靠近泰国，边境的长度是 4061 千米。从陆地通往东南亚，从海洋进入太平洋和印度洋，云南的战略地位非常重要。云南的少数民族聚居在一起，还有一些尚待识别的少数民族群体。由于历史原因，他们因生存、内部斗争或种族冲突而流离失所，一些民族由于毗邻边境而形成了跨境民族。跨境民族属于不同的国家，有着不同的国家观念和爱国情感。但他们是同一个民族，有着共同的语言和共同的民族意识，社会和经济交往密切。

相比于山东、河南、四川等地区的人们，云南人是不愿意走出去的。根据招聘报道，在找工作的时候，云南的求职者首先会询问工作地点，当他们听到工作地不在云南时就会马上离开。尽管许多云南以外的公司已经提供了诸如"带薪休假 57 天""假期舒适费""夏季补贴"等福利，但求职者并不太热衷去外地工作。他们认为昆明的工资也不错，吃住方便，生活成本低廉，可以省钱。另一方面，如果去外省工作，生活成本较高，并且地处远方，没有亲戚和朋友。

"家乡宝"这一概念在云南人就业这个方面也算是体现得淋漓尽致了。在中国社会经济不断发展的当下，外出打工，已经被很多农民工认为是增收致富最有效的途径。但相对来说，云南人对于出外打工的态度更为保守。云南的农民有很多后顾之忧，而且很多人不知道如何找到外出打工的靠谱机会，一般都是一个带一个的外出打工。因此云南人走出去的速度较慢，走出去的数量也不多。

相比于云南人的走出去，云南产品和产业的"走出去"也没有得到良好的实现。云南人喜欢吃的米线、鲜花饼、火腿月饼、子弟土豆片在省内很流行，但在省外却很难寻觅到其代表品牌的身影。虽说米线是外省人对于云南饮食的认可，但在外省很少能吃到正宗的云南过桥米线。在东北的云南米线其实是较粗的土豆粉和各种蔬菜的混煮，在北京的云南米线是加了炸鸡柳和培根的米粉，在河南的云南米线就如同一锅关东煮。一个地方的特色得不到保证，很容易淡化和误导了他人对云南的理解。相较之下，广西的螺蛳粉、四川的火锅、贵州的老干妈豆瓣酱等在全国或全世界都能看到，并且还是一样的配方，还是统一的味道，去与不去本地，吃到的特色都没有什么不同。螺蛳粉依然是携着一股"奇香"让人又爱又恨，四川火锅仍然是又烫又辣叫人流连忘返，贵州的老干妈在国外卖到了130元一瓶。这就不得不让人好奇，云南的人和品牌到底因为什么样的原因，才造成了如今这种"走不出去"的情况。

虽然云南素有"火车没有汽车快"这一说法，但是云南的基础设施建设正在稳中求快地推进。云南作为旅游胜地，其交通运输服务承载着来自全国乃至世界各地的游客，想要走出去并不难。但为什么人们不愿意出去呢？归根结底是因为灾难文化对人的影响既来自特定的文化环境，也源于人们参与的各种活动。每一个人都生活在一定的环境之中，都在不知不觉中受到文化的影响。人的社会化过程是不断接受文化影响的过程。人们接受各种教育、参与这样那样的文化活动，都是在接受教化。文化最主要的功能在于教育人、熏陶人、塑造人。人的世界观、人生观、价值观，无不是一定文化影响的结果。文化影响人们的行为方式、交往方式、思维方式、价值观念，影响人们的认识活动和实践活动。在一定的意义上可以说，人是文化的产物。

第二节　民族节日

云南人不愿走出去的这种观念是受环境的影响，而"家乡宝"只能是这种观念的映射。那么什么才是影响人们观念的东西呢？答案是云南的灾难在特定的环境下使人们形成了这种"家乡宝"的观念。就连云南少数民族的节日中，也包含了大量与灾难相关的元素。

一、泼水节

泼水节有多个版本的传说，但是大致都描述了一个人们运用智慧与灾难抗争的壮烈凄美的故事。远古时候，傣族居住的地方遭受了一场灾难。夏无雨，春无风，秋无艳阳，淫雨满冬。需晴不晴，需雨不雨，四季相淆，庄稼无法种，田荒地芜，人畜遭疫，人类面临灭顶之灾。这是因为一个无恶不作的魔王，不仅危害四方，造成了生灵涂炭，并且还抢来了七位美丽的姑娘做他的妻子。姑娘们满怀仇恨，终于在一天杀死了魔王。魔王的头变成一团火球，火球滚到哪里，邪火就蔓延到哪里。竹楼和庄稼被火烧毁，造成了西双版纳的另一场灾难。为了扑灭邪火，姑娘们抱起了魔王的头。当她们抱起魔王的头时，魔火就熄灭了。于是姑娘们只能不停轮换着抱着这颗头，直到头颅腐烂。姐妹每轮换一次，便互相泼一次水冲洗身上污迹，消除遗臭。于是人们将消灭魔王的这一天定为一年的新年，用泼水这种仪式来表达对这七位女子的感谢。泼水节发展至今，成为受人喜欢的节日[3, 4]。

二、火把节

据说在古代，有一个名叫"十大力"的恶魔，肆意破坏彝族人民的幸福生活。他以一种暴力的方式对待和压迫人们。他的挑衅行为激怒了一名被称为"包聪"的英雄。包聪从人群中走出来，和十大力搏斗了三天三夜。人们演奏三琴弦，吹奏短笛，拍手跺脚为包聪呐喊助威。恶魔很生气，他派出蝗虫等害虫来啃食庄稼。人们就聚集在一起，点燃了火把来焚烧害虫，最后把所有的害虫都烧掉了。为了纪念这一胜利，每到那一天，人们都要杀牛、杀羊，举办各种各样的活动。它反映了彝族人民为幸福生活而奋斗的精神[5]。

三、目瑙纵歌

"目瑙纵歌"这个节日有着悠久的历史，源自美丽动人的传说。在古代，人们不会跳"目瑙"，只有太阳神才会跳"目瑙"。一年，九个太阳出现在天空上，日夜烤灼着地面。江河干枯，石头开裂，人类和鸟兽都面临着死亡。他们聚集在一起商讨对策，最终选出鸟儿上天向太阳神寻求帮助。鸟儿们拿着金银，飞到太阳宫，请求让太阳神每天只出来一个。鸟儿顺利完成了任务，并在太阳宫目睹了太阳神的"目瑙"。"目瑙"优美的舞姿和动听的音乐打动了鸟儿，鸟儿回到人间，教会了人们如何跳"目瑙"向上苍祈福[6]。

第三节　民族团结

云南普洱的民族团结誓词碑是新中国成立以来的"民族团结第一碑"[7]。1950 年，云南各族 40 余名头人和工作人员前往北京参加新中国成立一周年的国庆观礼，受到党和国家领导人的接见。国庆观礼活动激发了各族代表爱国、爱党的热忱，他们以"会盟立誓，刻石铭碑"的形式来表达各族人民团结到底的决心。回到云南后，傣族、拉祜族、基诺族、哈尼族、回族、傈僳族、佤族、汉族、白族等各族头人和工作人员们在普洱树立起了民族团结誓词碑。民族团结誓词碑的核心内容是"一心一德，团结到底"，全文是：

> 民族团结誓词，我们二十六种民族的代表，代表全普洱区各族同胞，慎重地于此举行了剽牛，喝了咒水，从此我们一心一德，团结到底，在中国共产党的领导下，誓为建设平等自由幸福的大家庭而奋斗！

云南境内的少数民族众多，很多民族长期处于原始社会形态。这些民族不仅贫困落后，而且经济、文化差异显著，经常导致各种矛盾冲突。有些民族互不通婚，有些民族互不踏入领地。民族团结誓词碑代表各族人民在团结互进上的突破，集中反映了云南地区的避灾文化。在长期的历史发展之下，云南地区因民族众多，冲突愈演愈烈，希望和平发展的欲望非常强烈。民族团结誓词碑只是历史文化中的一个代表性产物，放眼整个中国历史与云南地区历史就会发现，云南的历史文化发展过程，正是一部多民族磨合、融合、求和平的避灾文化的发展史。

云南位于祖国西南边陲，南部、西部分别与越南、老挝、缅甸等国毗邻。19世纪，英国侵占缅甸，法国侵占越南，从此结束了历史上长期存在于中缅、中越边境上的和平状态。鸦片战争后，英、法殖民主义者就力图分别从缅甸、越南入侵云南。英国从19世纪70年代后，就不断派遣大批特务间谍潜入云南进行侦察活动，搜集政治、军事情报，测绘军用地图，为英国殖民当局制定入侵云南的计划和行动提供资料。同时，在中缅南、北两段未定界，派兵强占高黎贡山西侧的片马地区和班洪地区。法国则将其殖民地的北方疆界向云南东南边境扩张，侵占我国安平厅南部约7000平方千米领土。同时，在安平厅城以南的石口一带设防，建立据点，企图继续将其入侵矛头指向腹地。此外，法国殖民当局还进行政治、军事讹诈，威逼清政府将云南西双版纳的勐乌、乌德划归法属越南。腐朽的清政府屈从于法国侵略者，竟然命令云南总督"按约交割"。这样，原为西双版纳中一个版纳的勐乌、乌德也被法国帝国主义强盗夺走。云南各族人民面临着英、法帝国主义入侵祖国领土的严重威胁。在此紧要关头，共同的命运使云南各族人民紧密联系在一起，为抗击英、法帝国主义入侵，保卫祖国西南边疆领土主权而英勇斗争。在中、缅北段，景颇、汉、阿昌、傈僳、傣等各族人民团结一致，分别在陇川、盈江和片马地区，击退了英国侵略者。在中、缅南段，傣、汉等族人民也展开了抗击英国侵略者企图占领阿瓦山、保卫班洪的斗争。在云南南部边境的抗法斗争中，苗、瑶、汉、壮等各族人民同仇敌忾，击退法国侵略军进占马关、麻栗坡的企图，捍卫了南部边疆的领土主权。

帝国主义入侵云南和云南各族人民反抗帝国主义侵略的英勇斗争，充分表明近代以来，云南各民族在共同遭受帝国主义侵略的命运中，充分发扬了爱国传统，共同捍卫祖国西南边疆领土主权。各族人民在不断遭受帝国主义侵略的现实中，已逐渐意识到，帝国主义的侵略使中国沦为殖民地和半殖民地，成为被压迫国家，全国各民族也就成为被压迫民族。各族人民共同的命运使这种共同意识萌发与增长，对后来民族关系的变化起到了潜移默化的积极作用。一旦进入新民主主义革命时期，在中国共产党的领导下，这种共同意识也得到了发挥，因而在民族关系上产生的影响也迅速扩大，有力地推动了各民族的团结、互助和统一，终于汇合成一股民族解放的巨大洪流，淹没了帝国主义、封建主义和官僚资本主义三大敌人在云南的统治。

云南人渴望和平与寻求安稳的意识观念是由各种斗争与压迫性的人文灾难引起的。灾难使得云南人积极响应民族团结、和平发展的观念，因此各民族在立下"民族团结誓词碑"时才如此坚定。云南人大方好客，主动热情，不愿出省，却热情大方地欢迎别人的到来。这也就促成了云南独特的"避灾文化"的发展。

第四节　大　理

中国历史上有三大古国，即楼兰古国、夜郎国和大理国。这三个古国中，楼兰古国已经神秘消失在了沙漠中，夜郎古国在人们心目中也只留下了"夜郎自大"这个成语，只有大理古国成了世界著名的旅游景点。这与云南人的"避灾文化"是密不可分的。

云南虽然自然灾害严重，灾害种类繁多，但是由于地处多山地区，部落与部落之间多以山为阻隔，导致一个地区的人受到某一类灾难的影响时，无法引起其他地区的人共鸣，因此群体性迁徙的事件很少发生。云南各个地区灾害种类不同，一个地区的人与其他地区的人无法达成灾难影响的一致性，并且在地理条件的局限下，不能结伴一起走出去，而是选择留下来与自然磨合，与人文环境融合，最终形成了避灾文化。云南人的避灾文化体现在文化历史进程中，就有了最具代表性的"大理国帝王十僧"这个现象。在大理国存在的 300 多年间，共有 22 位帝王，先后有 10 位出家。这10 位帝王中，仅有 1 位是被迫逊位的，其余 9 位都是自愿退位出家的。

帝王出家在大理国几乎成了一种习俗。究其原因，主要与云南地区求稳、求和平的心态有关。以段正严为例，可以清楚地看到大理帝王出家的因果。《天龙八部》中的段誉，就是以大理王段正严为原型创作的人物。历史上的段正严，是一位素有文韬武略的帝王。他 26 岁即位，多次平定大理国内部叛乱，并主动亲和大宋王朝。他 7 岁起在点苍山求学于曾云游到大理的高僧，当政期间勤政爱民、宽以待人，以佛法的仁慈治国，为去世的部将办佛事超度。段正严在位 39 年，后因天象奇观，认为国有不祥之兆，加上4 个儿子争夺王位，于是便禅位出家，终年高龄 94 岁[8]。

段正严为了避免国之厄运而主动退位，足以体现云南人这种求稳、避灾的心态。当然，帝王出家，生活上的享受是不同寻常的。野史记载大理国民谣提到："帝王出家，随臣一邦，嫔妃一串，素裹红妆。出家犹在家，举国敬菩萨，早晚拜大士，禅室如世家。"这段民谣生动地描绘了帝王出家这一特殊的历史现象。避灾文化映射在佛家的学说中，可以化解各种社会矛盾，包括权力之争、协调各种关系，因而在大理国延续 316 年间没有发生过什么大的战争、动乱或宫廷杀戮之类的血腥事件。

人们的行为处事映射了一个地区的文化。云南的避灾文化是人们在大山中与自然磨合出的一种人生观和价值观。人们或许不赞同云南人求稳的心态，但这恰恰就是云南美的地方。这里的人朴实大方，这里的景优美宁静。一方水土养育一方人，云南因"稳"而得名于世。

本章小结

云南人"家乡宝"的思想是对其良好地理环境的深切热爱，也包含了由避灾文化而形成的怀乡情感。云南地区有众多的少数民族，在灾难的影响下形成了五彩缤纷的崇拜和祭祀文化。各民族团结一致，共抗灾难，是现代民族互相包容、互相扶助的精神的集中展现。

云南地区有许多消失的古文明，而大理国得以发展并将其文化延续至今，与其独特的避灾意识密不可分。

参考文献

［1］王海刚. 水利工程综合利用的经济效益研究［J］. 消费导刊，2013，9，167-169.

［2］罗秉森，莫关耀，杨斌，李春，张斌. 云南跨境民族问题与国家安全研究［J］. 云南公安高等专科学校学报，2003，2，84-87.

［3］瞿明安，郑萍. 沟通人神：中国祭祀文化象征［M］. 成都：四川人民出版社，2005.

［4］陈卫东. 泼水节、情人节、圣诞节：浪漫欢腾的节日庆典［M］. 成都：四川人民出版社，1992.

［5］朱文旭. 彝族火把节［M］. 成都：四川民族出版社，1999.

［6］岳品荣. 景颇族目瑙纵歌历史文化［M］. 潞西：德宏民族出版社，2009.

［7］赵骅银. 民族团结誓词碑史料［M］. 昆明：云南人民出版社，2005.

［8］李改婷，张玉萍.《天龙八部》中的佛家思想［J］. 戏剧之家，2017，6，280.

第十三章 | 世界屋脊

　　青藏地区海拔几千米，有着"世界屋脊"的称号，是众多河流的发源地。整体的高原地带位于中国西南部，由青海省、西藏自治区和其他省份的部分地区组成。青藏地区的山峰高度相差不大且终年积雪，地形并没有想象中的高低起伏。青藏地区经过数千年的时间洗礼，经历了大大小小的人文灾难和自然灾害。人文灾难包括朝代的更替、战火的浩劫和思想上的禁锢等，自然灾害有雪灾、饥荒、疾病、地震等。青藏地区的文化和这些大大小小的灾难存在着千丝万缕的联系，因果循环、环环相连、丝丝紧扣。青藏地区的灾难影响了当地人民的思想，更造就了当地民族独特的文化。

第一节　花儿与少年

　　青藏地区文化的产生有着该地区固有的根源，有它产生并发展的充分性和必要性。其充分性在于人文灾难主宰着人的精神世界，直接影响着文化的发展方向。比如秦代的焚书坑儒直接结束了百家争鸣的思想局面，禁锢了大众的思想，也就有了两千年间儒家文化居主体位置的局面。其必要性在于文化可以让人们在灾难中得以解脱。比如由于各种各样的无法预测和避免的自然灾害，没法躲避就只能面对。文化就是武器，有了文化，人们面对灾难也能泰然处之。

中华上下五千年的文化不知让多少中外研究者痴迷，中原文化、江南文化、临海文化等都是中华文化的瑰宝，青藏雪域文化也在中华文化的星河中熠熠生辉。雪域地区特有的自然环境在千年的历史长河中影响着高原的经济生产活动和居民的社会生活。不难发现中原地区和青藏地区的风俗人情、历史文化截然不同，但其实青藏地区文化的很多部分都吸纳了中华其他文化的内容并加以融合，所以青藏文化与中华其他文化密切相连、相互影响。

青海属于青藏高原的一部分，本身又有着和中原千丝万缕的联系，经过了千年历史的沉淀，一步步形成了独具特色的青海风俗民情[1, 2]。交织在一起的不同民族的文化特色，更是为青海文化增添一抹风情。青海生活着大大小小多个部落民族，其中藏族分布最广，还有一些只在青海生活的民族，比如土族和撒拉族。每个民族都有着自己独特的风俗习惯。这些是青藏文化中的瑰宝，就如青藏文化在中华文化中所扮演的角色一样。

在青海生活的各个民族除了自己独有的节日和文化活动外，由于大杂居、小聚居的居住特点，地域上几乎不存在界线，所以也就造就了文化的关联性。彼此的文化大有不同，却因为地域原因相互渗透和交流，进而形成了共有的具有青海地方特色的乡土文化[3, 5]。民歌不光是人们对生活的歌颂，也有对灾难的痛恨厌恶。民间口承文化就是民间生活的写照，所表现出的魅力让人无法抗拒。青海的"花儿"传唱度非常高，因为它有着悠久的历史，曲令也多是在历史的长河中孕育的，所以独具青海特色。

"花儿"也可以称为"少年"，这取决于演唱者的性别。男青年演唱就叫作"少年"，相对应的女青年唱的称"花儿"。由于"花儿"具有浓郁的生活气息和乡土特色，所以在青海地区这样的民俗逐渐发展壮大，形成了自己的文化特色。青海是"河湟花儿"的发祥地之一，享有"花儿之都"的美誉。人们都会觉得最美的花儿应该是在最圣洁纯净的地方盛开，所以三江之源的花儿更是盛况空前，自农历四月后相继开始。那个时候，圣洁的地区满是山花，山清水秀。这个时节人们都会穿着盛装在人群中摩肩接踵，嘹亮的歌声此起彼伏。有的是讴歌爱情，向往幸福生活，有的则是控诉剥削和压迫。

漫漫历史长河中，花儿始终与那里人们的生活息息相关，它取材于生活，凝聚于人心，升华于思想，形成于文化。花儿基本分为情歌、生活歌、本子歌。花儿通过爱情这条线，牵扯出各个时期的复杂社会生活，侧面表现了人民的感情和愿望，所以情歌是花儿的主体。不同的历史时期，人们对爱情的态度是不相同的，但总体来说爱情是美好事物的代表，人们对爱情的歌颂，侧面上也是对一些人文灾难的抨击。有些花儿表面上可能是欢乐的，但留在心底的却有少许的悲伤，自己都分不清楚脸上的眼泪是笑出来的还是难过哭出来的。所以花儿表面光鲜的爱情传唱，埋藏了太多太多前人对灾难的深层感触。与其说灾难造就了花儿的灵魂，不如说是花儿长出了灾难的血肉。

生活歌则是直接从人们的社会生活出发，没有了情歌的委婉，表达的内容更加清晰明了，感情爱恨分明。悠久的花儿历史包含了人们的血与泪，借助美好的事物来展现丑陋的东西，这就是花儿与灾难的关系。历史中那里的民族经历了苦难的生活，在有些花儿的苦歌中表现出社会最底层的妇女的生活让人触目惊心，惨不忍睹的遭遇至今让人无法释怀。在"吃人"的旧社会里，一个个悲剧就在人们眼前发生，生活越是痛苦，人们对黑暗社会的憎恨越深，花儿表达的情感越发深刻。

哪里有压迫，哪里就有反抗。花儿就是人民群众的呐喊。赤裸裸的残害被花儿毫无保留地表现出来。青年男女受到迫害时，爱情就变得像水滴一样自己蒸发消失，可人们不甘心就这样失去爱情，于是就唱出了惊天动地的花儿。那些花儿在民间传唱，不知引起多少男女的共鸣。

每年花开的时候，当地人会在最美的时节唱出曾经最黑暗的旧社会。圣洁的雪域不允许藏有半点的污垢，那里的人们要唱出旧社会的黑暗，抨击封建制度吃人的现实。盛装的人们放声歌唱，就像是满身戎装的战士在向灾难宣战，点点歌声似魔音鼓动人心，那是对不公平现象的呐喊。音乐是无国界的，自然也就跨越了语言的障碍。只要倾耳聆听，就能感受到对美的歌颂，对幸福的向往，对灾难的憎恶。

其实"花儿"的形式在中国古代早就存在，比如屈原的《离骚》，也是类似"花儿"的民谣曲目。所以说，灾难不仅影响现实生活，而且对文化的影响也是潜移默化。花儿就是当地民族表达自己感情的工具，从现实生活到精神世界，涉及的内容是包罗万象的，表现的感情却没有人们想象的那样简单。从这些花儿中，可以感受到历史的发展变化，可以体味出民众的思想要求，可以洞察出存在的诸多社会问题。花儿在当地人民群众的灾难中得以继承和发扬。

第二节　放眼高原

高海拔的地理条件直接决定了青藏高原与众不同的生产生活方式。要想生存，雪域民族唯有选择畜牧业。人类适应了自然，而自然决定了人类的生存方式。具有千年历史的雪域文化在自然的法则中悄然形成，古老而充满智慧的当地少数民族在世界屋脊的严酷自然条件下坚强而幸福地生活。他们通过吸纳外来文化，创造出了具有鲜明当地高原特色的游牧文化。这种游牧文化折射出他们的生活智慧和他们对自然的敬畏之心。

青藏地区独特的地理条件无法像中原地区那样大规模地种植农作物，土地无法提供能填饱肚子的粮食，更没有自动化的生产方式，以至于不能满足当地人民的衣食住行。

优胜劣汰，适者生存，时间的历练使得游牧文化在磨难中产生。游牧可以提供源源不断的食物，这里昼夜温差大，身体中需补充大量热能，游牧产品恰好满足这种需要。而且在呼啸的寒风与风雪中，依赖厚实多绒的兽皮可以御寒保温。

青藏地区虽然面积广袤，但可以利用的有效面积十分有限。草原上的牧草生长时间短得可怜，且受各种因素的影响大，易遭受风雪灾害，生长很不稳定。农田必须依赖于外部力量的保护和培育，比如水利灌溉。农作物生长时间也很短，所以不易长熟。仅有的可耕地多分散在河谷附近，由于气候的影响一年也只能一熟。所以要想在青藏地区严酷的环境生存，必须要依靠游牧文化和加倍的辛勤劳作，才能为自己赢得并不丰裕的食物和衣物，以维持简单的物质生活。高原上的农牧业生产是高原居民与大自然的严酷斗争。实践证明，游牧文化是高原居民在同各种灾难中总结归纳的生存之道。在残酷的高原条件下生活着各个民族，他们都是在几千年乃至几万年的历史长河中依靠游牧文化不断壮大起来的。在面对无法抗拒的灾难时，单个家庭或个人在高原的农牧业生产中难以立足，所以有了集体社会生活的智慧。牧民受部落严格的控制，他们游牧的场地和时间都有严格的要求。他们追随着青草迁徙，定期轮换草场，这就是游牧的形式。但是草场并不是无穷无尽的，有限的草场被各个部落分割占有。游牧生活有着特有的规律，比如随水草、随季节搬迁放牧。人们在感慨大自然伟大的同时，也敬佩高原居民令人折服的智慧。游牧文化自高原居民面对灾难的同时就孕育而生。

可以看出，游牧文化给高原牧民提供了各种生存所必需的条件，这在当地居民的衣食住行上表现得尤为明显。大自然留给这方土地上的人们选择的权利少得可怜，比如吃的食物只能限定在肉类、乳类，除此之外再无其他选择。这和雪域高原高海拔、气候严寒的恶劣环境密切相关，牲畜不可避免地成为雪域居民的主要食物来源。在高原游牧世界，以温饱抵御寒霜风雪是远远不够的，还要有挡风遮雪的衣物。严冬，牧民们缝制皮袍给人们提供御寒遮体的衣物，增强抵御严寒的能力。夏秋，他们用羊皮制作皮毡和铺褥，还能制作一些毡帽、毡衣、毡鞋等高原特色衣物。而且，游牧是要不停地迁徙的，所以简便轻捷、实用耐久的活动房屋，如帐房，就显得非常重要。帐房的材料也来自高原上的动物和植物。

雪域高原带给游牧居民各种各样的严酷挑战，当地的灾难也是频繁多样的。雪灾无疑是雪域高原的头号灾害，特别是藏北及青海果洛、玉树等海拔很高的青藏高原腹地。历史上每次发生大雪灾都是牛羊尸骨遍野，牧民也有死伤。青藏地区的居民根据历史的经验教训总结出了一套抗灾防灾的游牧文化，以便能够准确地判断灾难的走向并施加得力的应对措施。牧民们积累的预测雪灾和减轻雪灾危害的经验，也是游牧文化的一部分。

青藏地区不单单只有雪灾，牧场还会受到旱灾、霜灾、风灾、虫害等其他灾害的影响。高原灾害成就了游牧文化，对很多灾害，牧民们都有着自己独特的见解和门道。他们凭借智慧与文化的魅力，采取一些有效的措施，如冬天烧荒草等。更多的情况下是根据他们积累的丰富经验预防和应对灾难，从而减少损失。

有时候游牧面对的威胁不单单是地震、风霜、雪灾等，更不是敌对部落，而是自然界的猛禽恶兽。虎、狼、豹、熊等生命力顽强的动物，它们或凶狠或狡猾，人类必须采取群体行动。在各个历史环境下，面对猛兽唯有群策群力才是人类唯一的希望。高原地区的居民争抢的不是土地、美女、金钱，而是生存的必要空间。广袤的青藏高原是一望无际的土地，一眼望去是天与地的相连，这么广阔的天地留给人类生存的空间却极其有限。

青藏地区的游牧文化是根植于青藏地区的本土环境与人情的文化，它是青藏地区人民对灾难主动与被动的反应。在高原相对封闭独立的发展背景下，这种文化无法为其他形式的经济文化所同化、吸收，很难找到与青藏地区类似的严酷环境，自然也就再难找到相似的游牧文化。新疆、内蒙古地区的游牧文化和青藏地区的游牧文化截然不同。一方面，当地特殊的、严酷的地域灾难造就了独具特色的游牧文化。另一方面，青藏地区的王权统治和宗教信仰，也在侧面催生、塑造和巩固游牧文化的形成与发展。

本章小结

青藏高原地区的灾难文化发展不是孤立的，尽管青藏地区处在一个非常孤僻封闭的环境中，但是灾难文化的发展与融合没有区域的限制。纵观中国几千年历史，众多迥异的文化相互融合与交流。青藏文化是依赖于周边区域互相依存、共同发展的外向型文化，这种外向型文化有着深厚的历史基础。比如在唐代，吐蕃王朝雄踞青藏地区，在以后的几百年里，唐代朝廷与吐蕃王朝不论是在政治经济还是文化上都争斗惨烈。那个时候的青藏文化借助于王朝争雄，广泛吸纳中原文化，使得自身得到了极大的发展。灾难是一把双刃剑。一方面，灾难给当地居民造成了很大的困扰，危及财产安全和生命安全。但另一方面，为了应对灾难又形成了相应的文化，很大程度上促进了文明的继承与发展。

青藏地区是长江、黄河的发源地，中华儿女的母亲河孕育了长江和黄河流域的农耕文化，和一些游牧文化也密切相关。一方山水养育一方人，青藏高原养育了多个少数民族。这些少数民族各具特色，文化各有千秋，虽然文化存在着很大的差异，但是在青藏地区得到了融合。青藏文化就是自古以来生活在青藏地区的居民所创造的物质财富和精神财富的总和。由于自然灾害，青藏地区的文化就包含信奉神灵的内容；由于历史战争和封建剥削，该地区的民谣舞蹈处处透露着对黑暗的诅咒和对幸福的渴望；由于地域的固有局限，该地区就诞生了为了生存而顺应天命的游牧文化。

参考文献

［1］辛全成. 藏族文化衍论［M］. 西宁：青海人民出版社，2009.

［2］罗桑开珠. 藏族文化通论［M］. 北京：中国藏学出版社，2016.

［3］嘉雍群培. 藏族文化艺术［M］. 北京：中央民族大学出版社，2007.

［4］嘎藏陀美. 藏族文化散论［M］. 北京：民族出版社，2005.

［5］仁青措. 藏族文化发展史［M］. 成都：四川民族出版社，2006.